感谢波莉·古德曼的校对工作，海伦·彼得斯的整理工作，
丹尼尔·朗的特写插图，安吉拉·里扎的图案和封面插图，
穆罕默德·齐尚的其他插画。

流光溢彩的贝壳

重要说明：本书旨在引领你踏入贝壳的奇妙世界，并非贝壳采集指南。在某些国家和地区，法律限制或禁止采集部分或所有贝壳，严禁采集含有活体动物的贝壳，即使在允许采集的区域，也请勿过度集中采集，因为当地生态系统往往依赖空壳维持平衡。因此请务必提前了解当地法律。建议采用拍照的方式替代实物采集。部分贝壳边缘锋利或带有棘刺，接触时请务必小心；未成年人进行探贝活动时，须有成人陪同。

DK

流光溢彩的贝壳

[英] 西蒙·艾肯 著
[英] 安吉拉·里扎 [英] 丹尼尔·朗 绘 诸葛雯 译

中信出版集团 | 北京

目录

揭秘贝类 6

贝类的家园 8

腹足纲贝类 10

紫金丽口螺 11

斑隐螺 12

澳大利亚雉螺 13

雷神盔星螺 14

宏凯海豚螺 15

血齿蜑螺 16

莫里奥里鲍 17

伊丽莎白孔蝛 18

首领拟锉棒螺 19

黑鼓蜷 20

粗大壳螺 21

犁骨凤螺 22

牛角凤螺 23

百指蜘蛛螺 24

奇迹托氏螺 25

▸海洋中的收藏家 26

波纹焦掌贝 28

黄金宝贝 29

金星宝贝 30

阿莫里富东尼宝贝 31

开普敦宝贝 32

日皇轮梭螺 33

脓包詹梭螺 34

紫唇玉螺 35

膨肚琵琶螺 36

薄壳宝冠螺 37

▸贝壳乐器大观 38

菲氏环嵌线螺 40

黑齿嵌线螺 41

罗宾逊扭螺 42

黑口蛙螺 43

华丽美光螺 44

花格梯螺 45

海氏球刺螺 46

棋盘唇齿螺 47

漩涡钩刺螺 48

华丽澳神螺 49

左旋美洲香螺 50

线纹锯管螺 51

白斑核螺 52

疣织纹螺 53

波斯细肋螺 54

木纹特拉镝螺 55

▸受保护的贝类 56

玫瑰棘螺 58

兰花棘螺 59

维纳斯骨螺 60

大犁翼螺 61

白兰地芭蕉螺 62

芭蕾舞虹管骨螺 63

钝角口螺 64

珍妮塔肩棘螺 65

澳大利亚大圣螺 66

桑给巴尔锤头犬齿螺 67
扬刺类鸠螺 68
库氏菖蒲螺 69
深沟东风螺 70
紫唇梨形螺 71
嘉年华涡螺 72
极乐涡螺 73
斯里兰卡琴涡螺 74
乳头涡螺 75
玲珑竖琴螺 76
雀斑肋缘螺 77
米勒三角口螺 78
网纹笔螺 79
风景榧螺 80
拟钝头侍女螺 81
胜利芋螺 82
织锦芋螺 83
▶ **“荣光”系列芋螺** 84
环疣芋螺 86
奇异宽肩螺 87
胭脂笋螺 88
配景轮螺 89
线红纹螺 90
松卷无角螺 91
▶ **这是贝壳吗？** 92
螺蛳 94
霍氏非洲沼蜷 95
德夫人圆口螺 96
奇迹扭口螺 97
暗黑刺扭管螺 98
脆雪花通管螺 99
旋线蜗牛 100
龙骨朝天口蜗牛 101
奇异斜管螺 102
绿带红蜗牛 103
木纹鲍氏螺 104
黄带双旋螺 105
▶ **贝壳饰品** 106
双壳纲贝类 108
镶边鸟蛤 109
蛋糕巴斯帘蛤 110
长刺帘蛤 111
美丽紫云蛤 112
维多利亚海菊蛤 113
索马里丽扇贝 114
美蓉拟套扇贝 115
四方海月 116
澳洲棒蛎 117
椭圆蛎蚌 118
疣状三角蚌 119
其他贝类 120
船蛸 121
醒目鬃毛石鳖 122
美丽绣花角贝 123

词语表 124

揭秘贝类

或许你曾在海滩上见过它们，或许它们正作为饰品装点着你的家，又或许它们正悄悄地藏在你家花园的土壤里。说不定你还曾在博物馆的展厅里见过它们的风采，它们绚丽的色彩、独特的纹路和百变的造型让人目不暇接，有的闪闪发亮，有的布满棘刺，有的硕大无比，有的小如针尖。它们就是贝类（有壳的软体动物）！本书将带你探索贝类的壳体，那可是它们精心打造的铠甲。

外骨骼

人类的骨骼藏在身体里面，但贝类却把骨骼穿在了外面。它们的外骨骼就是它们的壳。图中这只保罗琴涡螺（*Lyria pauljohnsoni*）紫黄相间的软体一遇到危险就能缩回螺壳。

壳饰

贝壳的主要成分与石灰质十分相似。贝类自己就能生成贝壳，许多贝壳表面还有立体结构或精美纹路，我们叫它壳饰。比如这只莫氏环唇螺（*Abbottella moreletiana*）的螺壳上就整齐地排列着许多短小的棘刺。

贝类的身份证

科学家用拉丁语给贝类起学名。拉丁学名通常由两个词组成，以斜体书写。第一个词是它的属名，第二个词是它的种名，比如 *Gyroscala lamellosa*（中文学名是“切片海蛳螺”）。不过，在不同国家和地区，许多贝类都有自己的俗称。

双壳纲贝类

有些贝类有两片贝壳，比如这只欧洲雪锉蛤（*Limaria hians*）。它们属于双壳纲贝类，每片贝壳都称作“壳瓣”。两片壳瓣通过铰合部连接，能够自如地开合。进食的时候，壳瓣打开；遇险的时候，壳瓣迅速闭合。

贝类的家园

要了解一种动物，就得知道它们生活在哪里，是如何适应那里的环境的。贝类能在许多不同的栖息地繁衍生息，海洋、陆地、湖泊与河流中都能找到它们的身影。

珊瑚礁

温暖的热带海域孕育着丰富的贝类资源，生活在那里的贝类尤其色彩斑斓。珊瑚礁主要是由珊瑚虫这种神奇的动物“制造”的，部分贝类就以珊瑚虫为食。礁石中的海绵也是贝类的美味佳肴。

海绵是娇嫩且色彩斑斓的动物

海滨

如果你住在海边，说不定还曾在海滩上捡到过贝壳。不过，很少有贝类真正生活在海滩上，它们更喜欢住在岩礁间的潮池里。那里既能躲避风浪，又有吃不完的食物。

岩礁间的潮池里藏着令人惊叹的动植物

深海

贝类还能在阳光照不到的海洋深处安家。要不是偶尔被渔网捞上来，或是被专门的潜水器拍到，人们根本发现不了这些深海贝类。

海洋中生活着超过4万种贝类

湖泊、河流和溪流

至少有 5000 种贝类生活在淡水（几乎不含盐分的水）中，比如河流、溪流和湖泊。有些藏在水边的泥沙中，少数生活在江河入海口。

许多淡水双壳纲贝类藏在水边的泥沙中

陆地

生活在陆地上的贝类叫作陆生贝类，全球约有 2.4 万种。从热带雨林到农田，从山地到沙漠，甚至是深邃的洞穴，到处都有它们的身影。

陆生贝类能分解石灰岩，并把它们转化成自己的贝壳

腹足纲贝类

在贝类的大家族里，腹足纲贝类绝对是“人丁最为兴旺”的一脉。大多数腹足纲贝类都背着一个螺旋状单壳，我们把每一圈螺旋叫作螺层。它们既能在海洋（咸水环境）中遨游，也能在河流与湖泊（淡水环境）里安家，甚至还能在陆地上留下足迹。有些腹足纲动物，比如蛞蝓，虽然丢掉了外壳，但那柔软的身体就像是一张身份证，让人一眼就能认出它们是腹足纲家族的成员。现在，就让我们先从海洋中的腹足纲贝类的神奇世界开始探索吧！

紫金丽口螺

Calliostoma annulatum

丽口螺通常色彩鲜艳，比如这只紫金丽口螺。它们会在海床上爬行，以海藻、海绵或珊瑚虫为食，无论走到哪里，都背着自己精巧的螺壳，一旦察觉到危险，就会迅速缩回壳内。

小档案

· 丽口螺的外形酷似陀螺，因此它们的英文译名称作“陀螺贝”。

· 如果让螺壳的壳顶朝上，壳口面朝向观察者，壳口通常会偏向右侧。这其实是大多数腹足纲贝类的共同特征。

斑隐螺

Clanculus stigmatarius

隐螺是马蹄螺科的成员，它们的贝壳表面通常覆盖着珠状突起。这些突起往往呈现出缤纷的色彩。斑隐螺格外好辨认，因为它每一个螺层的螺旋上都点缀着红色的珠状突起。

小档案

- 隐螺的壳口内侧富有光泽，而且还能随着光线角度的变化，展现出不一样的色彩，这种现象叫作虹色。
- 与许多隐螺一样，斑隐螺也是浅海岩礁区的居民。

栖息地：海洋

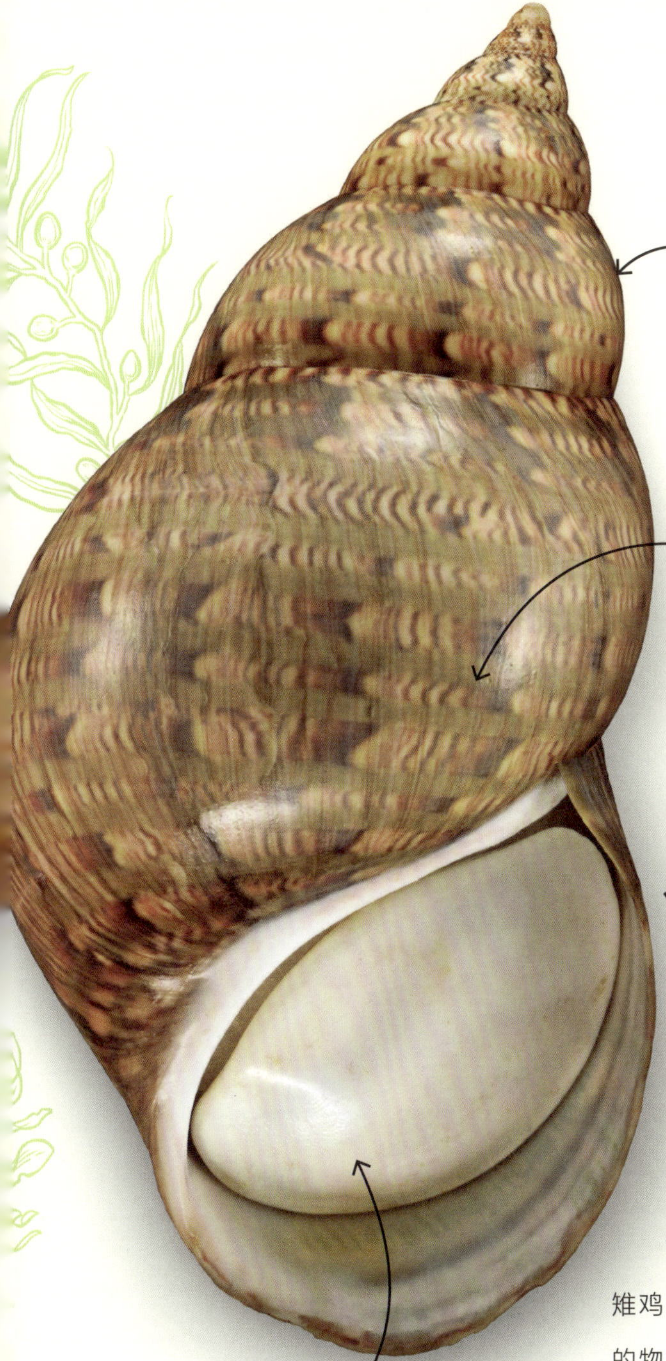

澳大利亚雉螺

Phasianella australis

澳大利亚雉螺上的纹路与雉鸡羽毛相似。它们的厣由类似石灰的物质构成，这种物质也是构成螺壳主体的主要成分。

栖息地：海洋

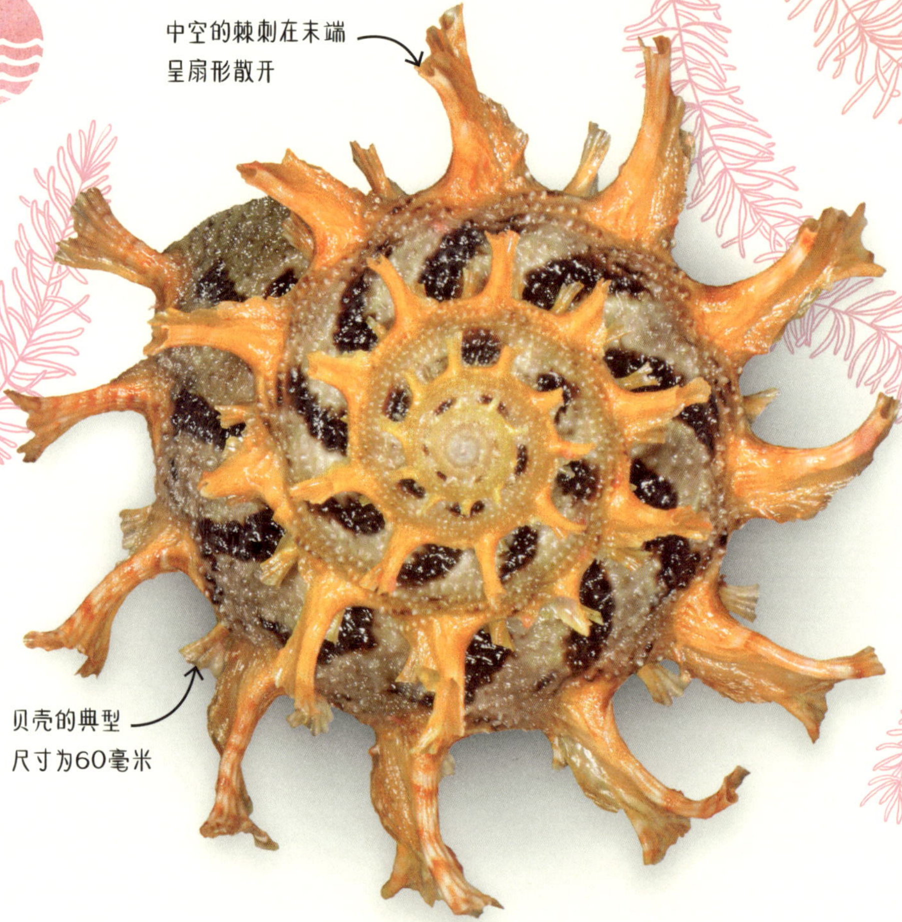

雷神盔星螺

Bolma girgyllus

盔星螺属于蝾螺科，与马蹄螺是近亲，俯视时呈星形。螺层周缘向外生长的坚硬棘刺也叫作叶状棘刺，因为棘刺末端会像某些植物的叶片一样呈扇形散开。这种星螺的厣厚实且呈白色，与雉螺的厣相似。

宏凯海豚螺

Angaria vicdani

海豚螺的外形与某些星螺相似，不过它们的厣呈角质，质地薄且通常呈深棕色。宏凯海豚螺的螺塔低矮（早期螺层较平缓），但棘刺修长，而且通常向上弯曲。这种螺的棘刺非常脆弱，因此几乎找不到完美无缺的螺壳！

小档案

- 螺壳常呈现红绿交错的色彩。
- 自然状态下，棘刺上常附着小型海洋生物。

栖息地：海洋

血齿蜑螺

Nerita peloronta

很容易就能看出它是因何得名的！螺轴（腹足纲贝类壳的中轴）上有三道槽，酷似人类的牙齿，而且齿间总带着一抹红色。这类螺及其近亲叫作蜑螺，它们是岩礁海岸十分常见的居民。

小档案

· 蜑螺厣的背部有一棒状物，其功能类似门合页，即使在软体自由进出的情况下，也能让厣保持在一个固定位置不变。

· 和许多蜑螺一样，血齿蜑螺在退潮时也能安然栖息在干燥的岩礁上。

栖息地：海洋

莫里奥里鲍

Haliotis virginea morioria

鲍的外壳虽然扁扁的，但还是能看出其呈螺旋结构。它们既能牢牢地固着在岩礁上，也能缓慢地移动。莫里奥里鲍生活在新西兰东南的查塔姆群岛，因此就以当地原住民莫里奥里人来命名。

壳内面覆盖着七彩珍珠质，也叫珠母质

壳表面会随其所食食物的不同而变色

这一排小孔能让它们从海水中获取氧气

伊丽莎白孔蝛

Diodora elizabethae

孔蝛的壳体与常见的腹足纲贝类的螺旋壳不同，反倒是像一顶锥帽。伊丽莎白孔蝛能够牢牢吸附在礁石上，这样既能躲避天敌，又无惧惊涛骇浪。

栖息地：海洋

小档案

· 壳长 70~90 毫米。

· 在澳大利亚东部和菲律宾的海草丛中，常能见到它们的身影。

首领拟锉棒螺

Pseudovertagus phylarchus

正如大多数蟹守螺科的成员一样，本种也主要生活在近海浅水区，有时会形成大型群落。它们的螺壳又细又长，底部有一条深沟，叫作水管沟，海水由此进出。多数蟹守螺颜色暗淡，但首领拟锉棒螺却有着华丽的纹路。

黑鼓蜷

Tympanotonus fuscatus

黑鼓蜷能在半咸水环境（盐度介于海水与淡水之间）中生存。在大河流的入海口，潮汐涨落会导致水体盐度发生变化。对大多数动物而言，这样咸淡交汇的环境极具挑战性，而黑鼓蜷却能在此繁衍生息。

小档案

- 螺壳可呈棕色、黑色或白色，部分有彩纹。
- 它们是西非多国邮票上的明星物种。

栖息地：海洋

粗大壳螺

Tenagodus ponderosus

壳螺又名“蚯蚓螺”，在幼年时期与大多数腹足纲贝类相似，但随着年龄的增长，它们的生长模式开始突变，规则的螺旋结构停止生长。因此，每只螺壳的造型都独一无二。部分种类的壳螺能形成大型群落，彼此的螺壳相互缠绕。

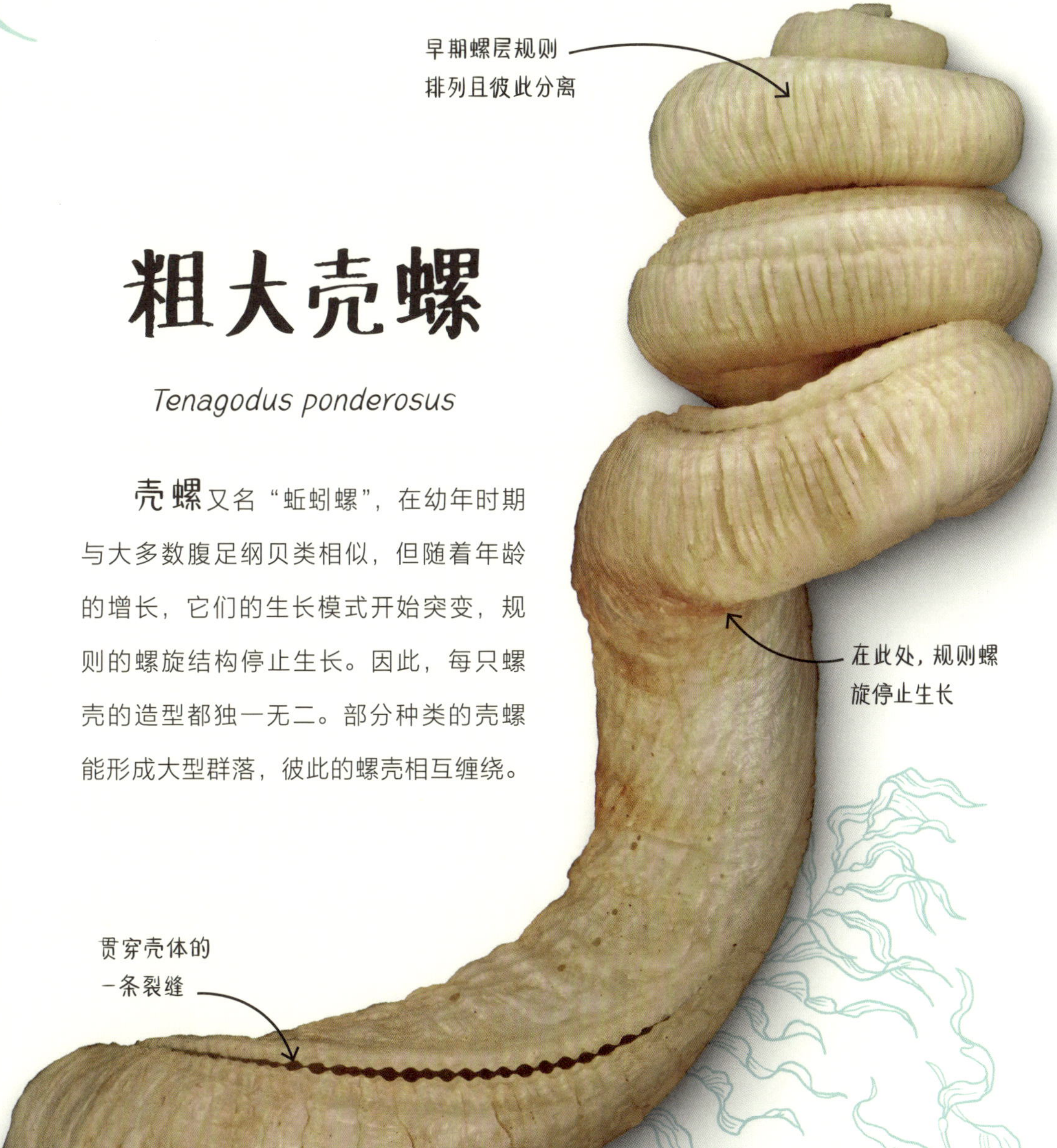

栖息地：海洋

犁骨凤螺

Euprotomus vomer

凤螺大多体形较大且较沉。它们生活在浅海沙子表面，能够将自己埋进沙里。所有凤螺的水管沟附近都有一个光滑的缺刻，叫作凤螺缺刻。

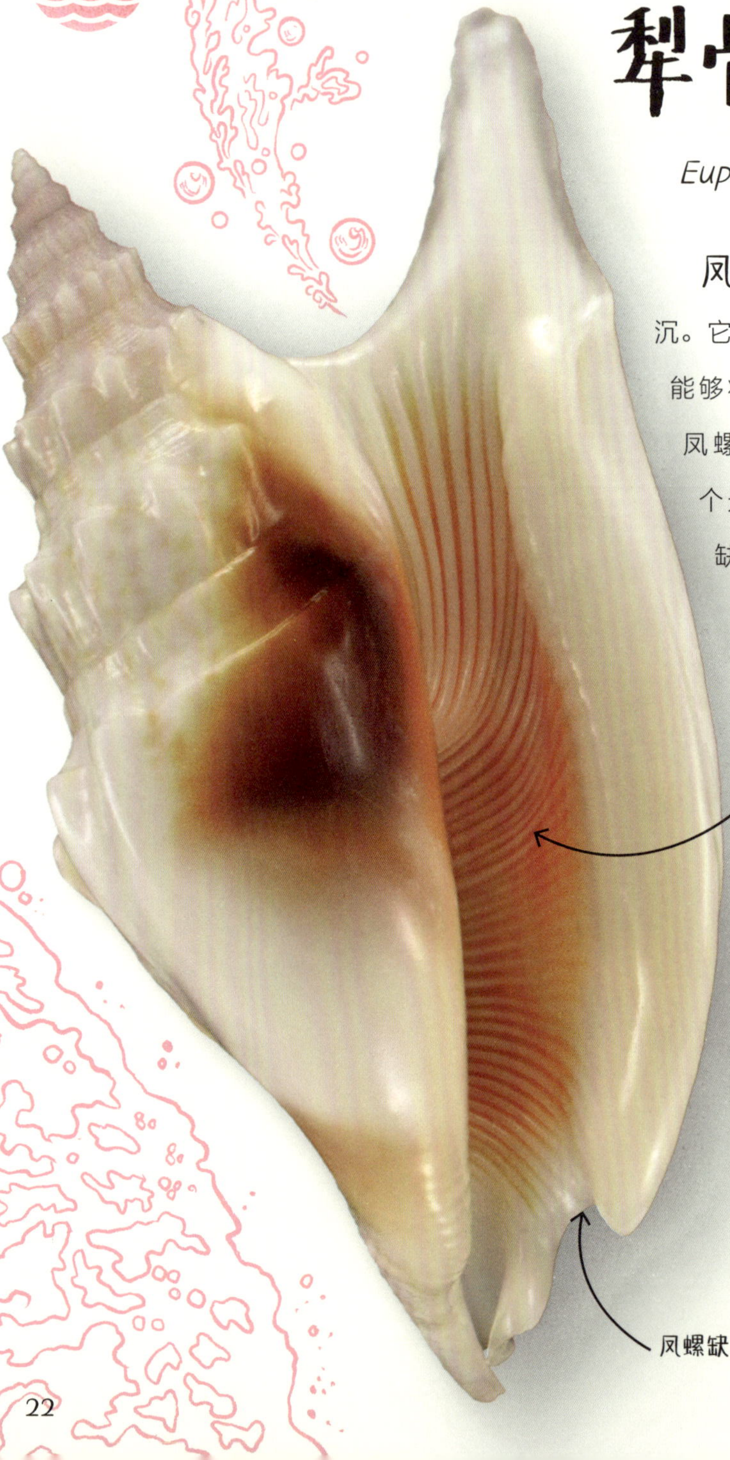

栖息地：海洋

牛角凤螺

Latissistrombus taurus

牛角凤螺得名于其螺壳上唇延伸出的两根酷似牛角的棘刺。它们的螺壳如牛皮一般结实、厚重，但是它们的移动速度超乎想象。

小档案

· 这种螺通过将厣埋入沙中实现弹跳式移动。

· 牛角凤螺分布在印度洋和西太平洋。

栖息地：海洋

百指蜘蛛螺

Ophioglossolambis digitata

虽然外形看起来不太像，但蜘蛛螺也是凤螺科中的成员，也具有凤螺科的典型特征——凤螺缺刻。虽然大多数蜘蛛螺的壳唇突起形似蛛腿，但百指蜘蛛螺的壳唇突起看起来却更像是手指。

栖息地：海洋

奇迹托氏螺

Torellia mirabilis

虽然温暖的热带海域才是海洋贝类的大本营，但它们也能在地球上最寒冷的海域生活。奇迹托氏螺生活在环绕南极洲的威德尔海和罗斯海海底，堪称奇迹。

小档案

· 奇迹托氏螺的贝壳极为柔软，捏起来软乎乎的。

· 由于勘探颇具难度，南极洲周边的海域中依然藏着许多至今鲜为人知的奇异动物。

海洋中的收藏家

自古以来，人们出于各种理由收集贝壳。但你知道吗？有些贝类自己就是天生的收藏家！它们就是衣笠螺，特别喜欢把其他贝壳或岩石碎片粘在自己的壳体上。

皱纹衣笠螺

皱纹衣笠螺（*Xenophora corrugata*）就是专业的双壳纲贝类碎片收藏家。除壳底外，整个壳体几乎完全被“藏品”覆盖。皱纹衣笠螺会特意将选中的“藏品”碎片粘在自己的壳体上。

白衣笠螺

白衣笠螺（*Xenophora pallidula*）来者不拒！它会把自己捡拾的所有东西全都背在身上，不论是各种其他贝壳，还是矿物碎片，统统不放过。这些五花八门的装饰也许能够帮助它更好地融入周围环境。

塞内加尔衣笠螺

塞内加尔衣笠螺（*Xenophora senegalensis*）对小石头情有独钟。最新粘上的石子就像增高鞋垫，不仅可以帮助它们轻松觅食，还能使它们避免暴露在天敌面前。这可能是这种衣笠螺爱收集的最重要的原因。

中华衣笠螺

中华衣笠螺（*Xenophora chinensis*）专门收集小巧、精致的双壳类贝壳。它们的壳顶周围粘着小巧的贝壳装饰。但是，随着中华衣笠螺逐渐长大，其收集的贝壳也相应变大。

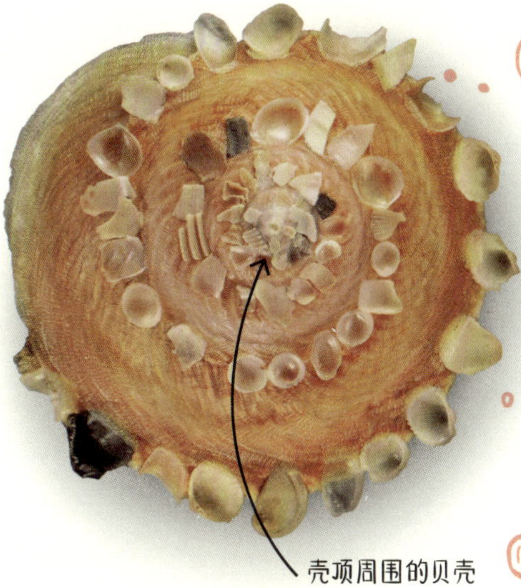

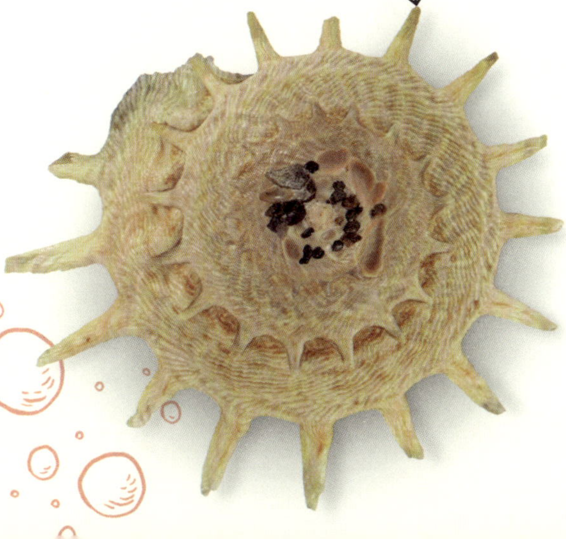

小棘太阳衣笠螺

小棘太阳衣笠螺（*Stellaria paucispinosa*）只有幼体才会收集附着物。成年后，它们会长出棘刺，这些棘刺的功能可能与之前的附着物相同。因此，成年小棘太阳衣笠螺会展现出自己原本的壳体表面。

栖息地：海洋

波纹焦掌贝

Palmadusta ziczac

宝贝家族千百年来都备受人类青睐。也许这要归功于它们光亮如新的外表！贝壳摸起来就像被精心抛光过一样。宝贝常以其背部纹路命名，比如这只宝贝就叫波纹焦掌贝。

栖息地：海洋

黄金宝贝

Callistocypraea aurantium

黄金宝贝因其鲜艳的橙色背部而极易辨认。过去，黄金宝贝极为稀有，拥有一只黄金宝贝曾是一件令人羡慕的事情。

小档案

· 腹足纲贝类壳体上有壳口的一侧叫腹面，宝贝的腹面也叫“基部”。

· 黄金宝贝美丽的色泽会随时间推移逐渐褪去。

金星宝贝

Perisserosa guttata

许多宝贝背部都有斑点。金星宝贝以其橙底白斑而格外醒目。与其他宝贝一样，金星宝贝在移动时，柔软的外套膜会完全包裹住壳体。

栖息地：海洋

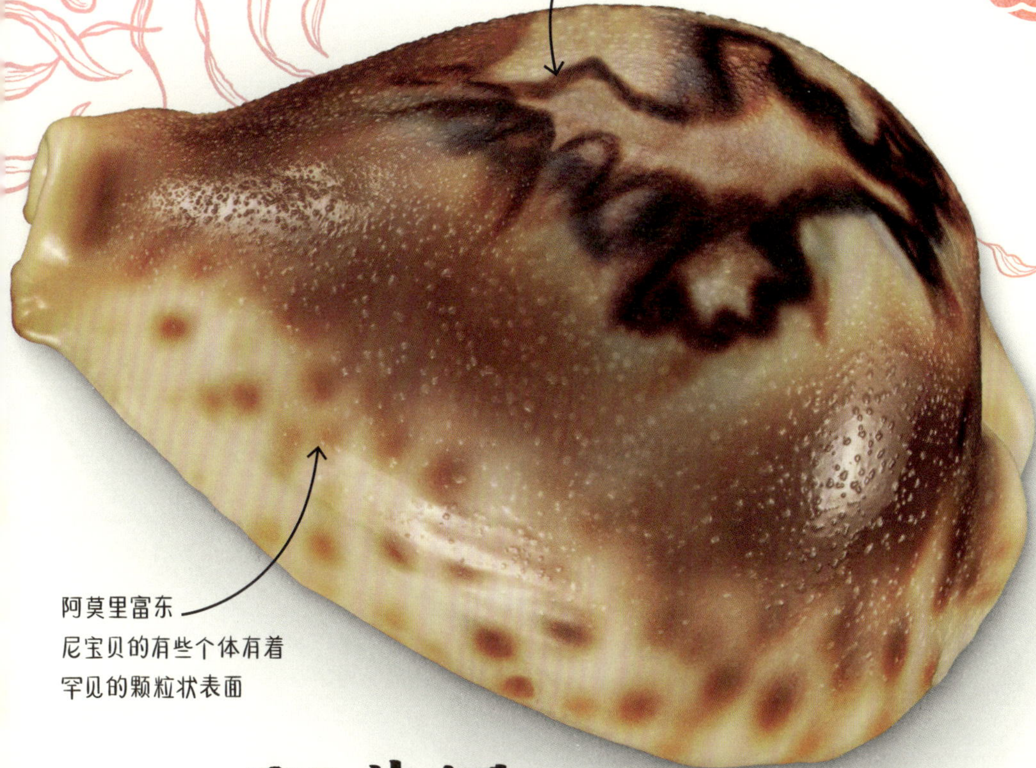

阿莫里富东尼宝贝

Barycypraea fultoni amorimi

这种神秘的宝贝最初是从大型鱼类的胃里找到的！眶鳞鲷吞下这些宝贝后，胃酸会杀死贝壳里面的软体，但坚固的壳体却能完好无损地保存下来，最终被渔民发现。

小档案

· 这种宝贝因产地在靠近非洲大陆最南端的好望角（the Cape of Good Hope）而得英文名“Cape cowrie”。

· 南非地处大西洋与印度洋的交汇处，孕育了众多独特的贝类。

开普敦宝贝

Cypraeovula capensis

南非周边有几种宝贝仅一侧壳口有壳齿。除此之外，开普敦宝贝还有一个独特之处：它的壳体并非光滑的，而是布满了脊。壳体色彩多变，从浅棕到深紫都有。

栖息地：海洋

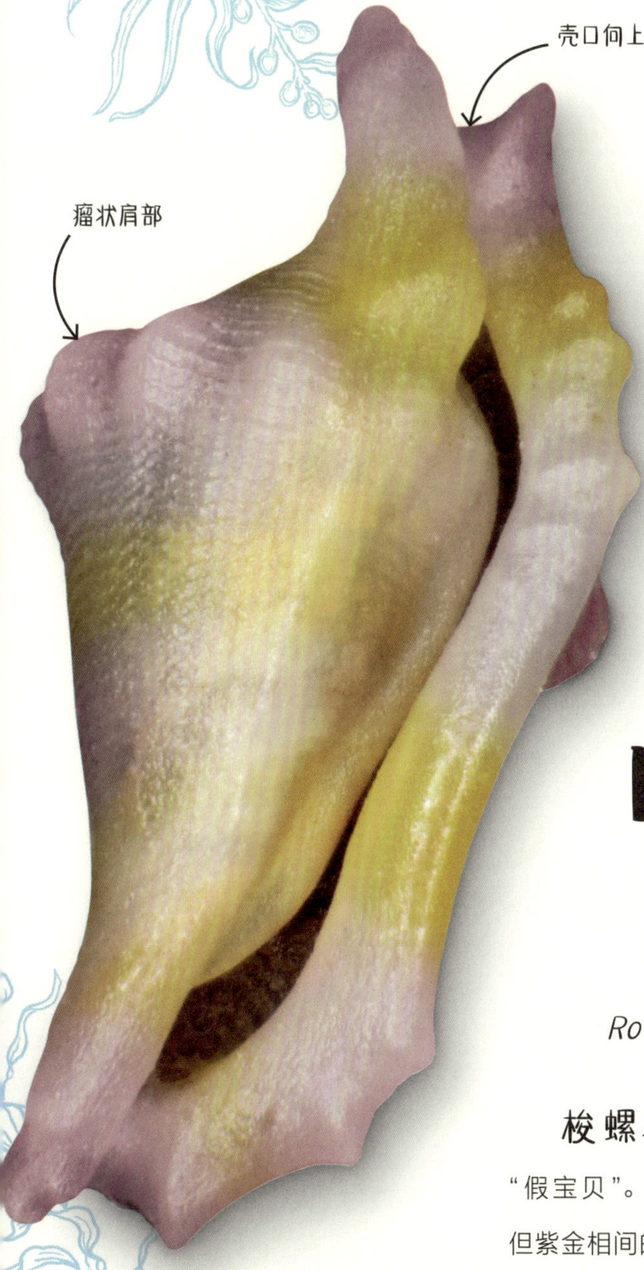

它们以蓝莓海扇（一种软珊瑚）为食。多数梭螺都生活在软珊瑚上

日皇轮梭螺

Rotaovula hirohitoi

梭螺与宝贝亲缘相近，有时也称“假宝贝”。日皇轮梭螺虽然个头不大，但紫金相间的色泽却让它们格外耀眼。

栖息地：海洋

脓包詹梭螺

Jenneria pustulata

这种令人惊叹的梭螺也是宝贝的近亲。它们的基部有白色粗肋，背部布满橙色瘤状结节。活体时，它们的外套膜上也会呈现与其背部完全相同的橙色斑点图案。

小档案

· 它们以珊瑚虫和其他刺胞动物为食，有时甚至会破坏珊瑚礁。

· 与许多贝类一样，脓包詹梭螺也是夜行性动物，只在夜间活动。

栖息地：海洋

紫唇玉螺

Tectonatica violacea

多数玉螺呈球形，软体往往比壳体更大。紫唇玉螺生活在浅海泥沙中，还会钻洞。它们是肉食性动物，主要以双壳纲贝类为食。它们会分泌酸性物质，在猎物壳体上溶解出孔，然后美餐一顿！

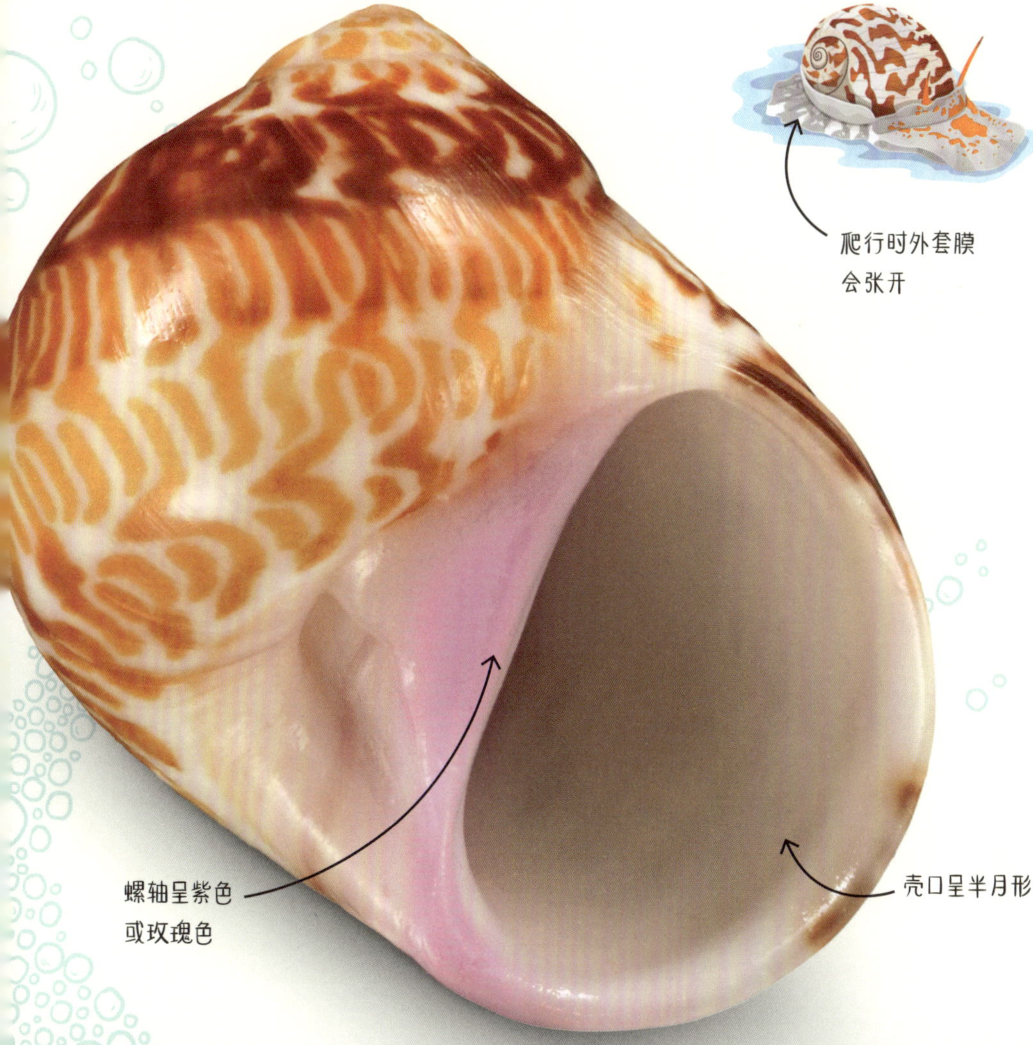

膨肚琵琶螺

Ficus ventricosus

它们圆鼓鼓的肚子是不是很像琵琶？多数时间，它们都躲在近海的沙子里。藏在里面的软体被一个很大的外套膜包被，外套膜是生成贝壳的主要器官，并具有再生功能，就算被捕食者咬掉一大块，它也能重新长出来！

它在沙地上爬行时，灰底白斑的外套膜清晰可见

栖息地：海洋

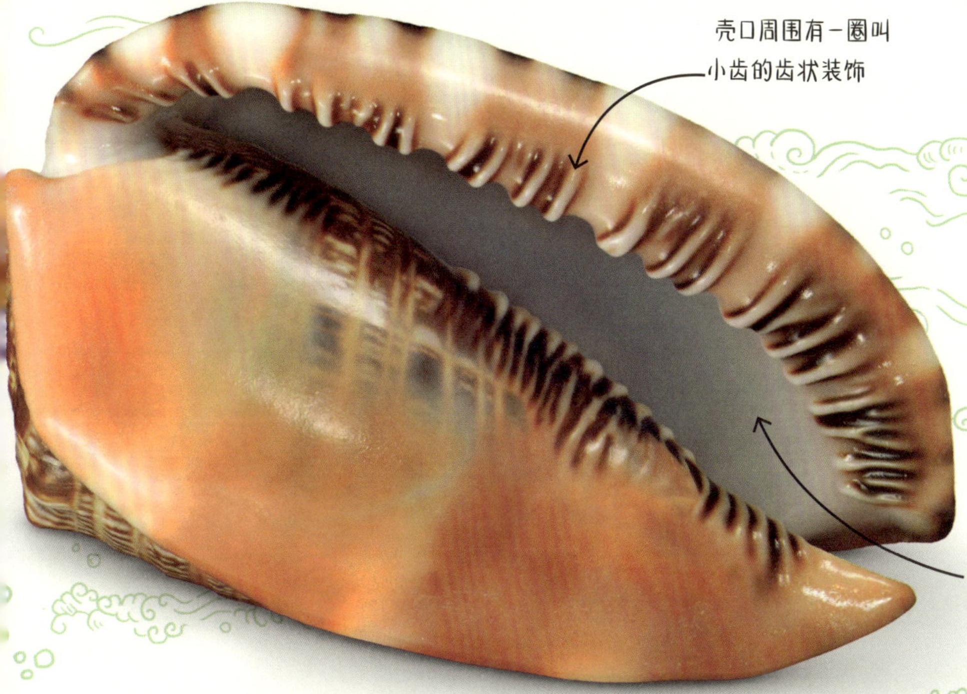

薄壳宝冠螺

Cypraecassis tenuis

多数宝冠螺的螺壳又大又重。薄壳宝冠螺的螺塔很低，但体螺层（螺壳形成的最后一层）却很大。薄壳宝冠螺的英文名“Galápagos helmet”就取自其生活的加拉帕戈斯群岛（The Galápagos Islands），那是太平洋东部的一个小岛群，岛上生活着种类繁多的野生动物。

小档案

- 贝壳的典型壳高为 11 厘米。
- 雌性体形比雄性大得多。
- 某些宝冠螺可制作乐器。

贝壳乐器大观

有些贝壳还能演奏出动人的音乐！人们发现，去除体形最大的腹足纲贝类的壳顶后，只要对着开口处吹气，这种贝壳就能化身为号角。其他贝壳有时也能变成打击乐器。

法螺

法螺（*Charonia tritonis*）是一种体形巨大的贝类，能够发出低沉而震撼的鸣响。技艺娴熟的演奏者可以通过调节嘴唇的松紧来控制音调高低，这种演奏技巧与小号演奏如出一辙，不过需要经过专门练习才能掌握！

它是最大的腹足纲贝类之一

盔形大凤螺

盔形大凤螺（*Titanostrombus galeatus*）曾被 2200 多年前生活在秘鲁的查文人用作重要仪式上的号角。时至今日，在加勒比海地区，大凤螺等其他海螺仍然被当作号角使用。

古人在贝壳表面雕刻的图案

火焰法螺

早在 1.7 万年前，居住在现今法国洞穴中的古人就已经使用这种贝壳制作乐器！这是产自地中海的火焰法螺（*Charonia lampas*）。它是目前已知最古老的乐器之一，现珍藏于法国图卢兹一家博物馆中。

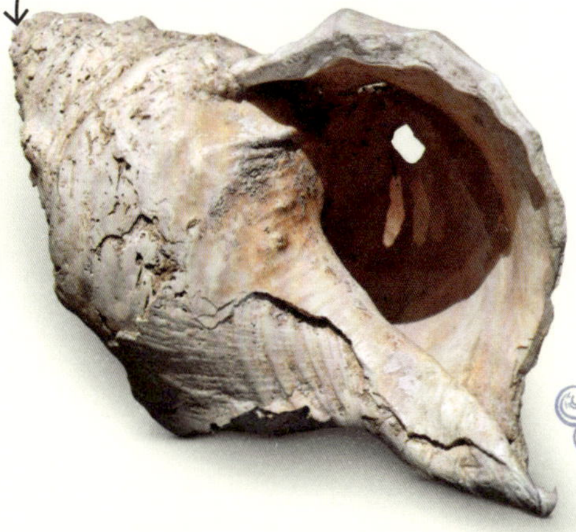

印度圣螺

印度圣螺（*Turbinella pyrum*）是印度教和佛教的重要象征。宗教艺术品中常有描绘神祇吹奏印度圣螺的场景。在印度，若要将其改造成小号，可能需要安装吹嘴。吹奏印度圣螺是重要宗教仪式的一部分。

宝贝可以用作打击乐器

将小型宝贝串固定在晾干的葫芦表面，就能制成独特的打击乐器，摇晃时它会发出有节奏的悦耳的声音。这种乐器在西非叫作椰铃，如今已在世界多地广为流行。

栖息地：海洋

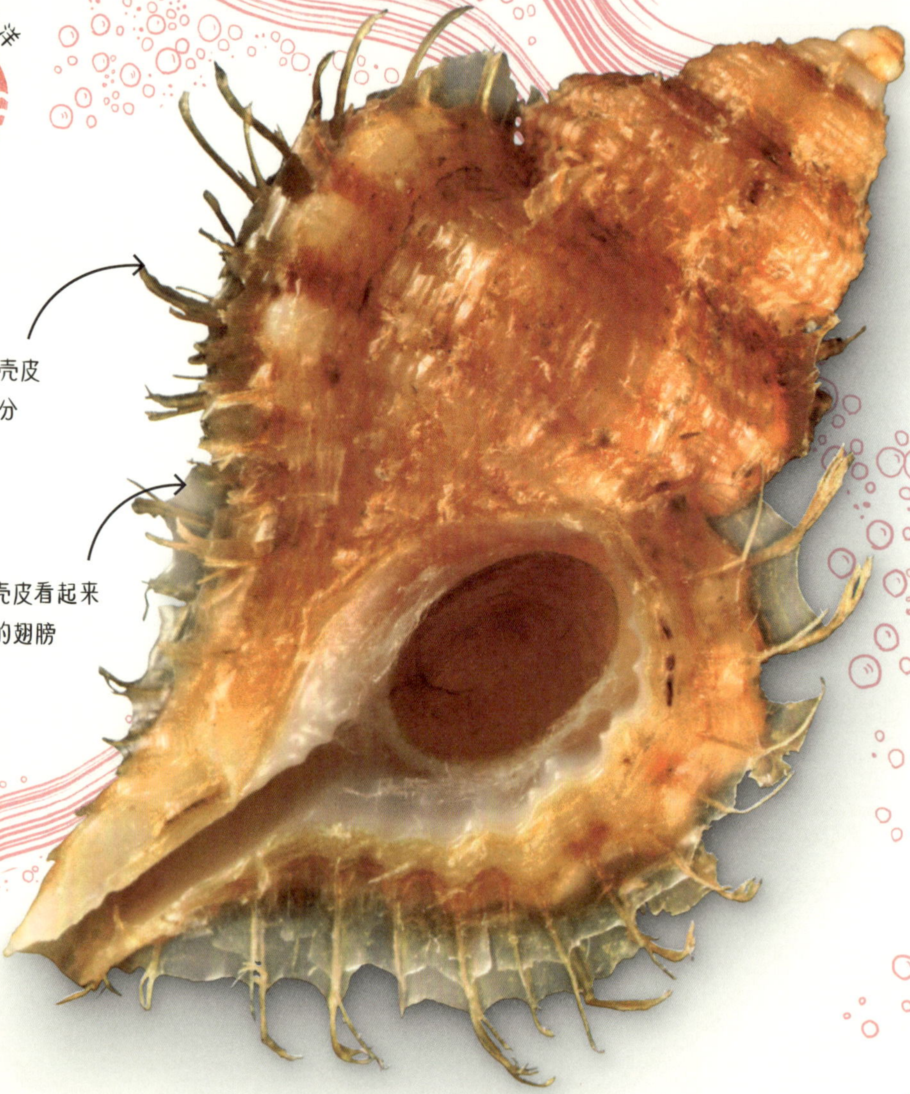

菲氏环嵌线螺

Cabestana felipponei

许多贝类都穿着一件“外套”，叫作壳皮。壳皮很薄，通常在贝类死亡后很快就会脱落。但是嵌线螺的壳皮不仅厚，还长满了壳毛。摸一摸菲氏环嵌线螺，能感受到其独特的触感。

黑齿嵌线螺

Monoplex parthenopeus

黑齿嵌线螺厚重结实的螺壳外面有一层凹凸不平的厚壳皮。最神奇的是，几乎在全球所有温暖海域都能找到它们的身影。壳口处黑白相间的斑纹就是它的专属身份证。

小档案

· 黑齿嵌线螺的面盘幼体自由游动数周后才开始长壳，之后才会安顿下来。

· 正是因为其面盘幼体会游泳，黑齿嵌线螺才能遍布全世界。

罗宾逊扭螺

Distorsio robinsoni

扭螺与嵌线螺是近亲，壳口扭曲但前端却意外地扁平，就像被人故意捏扁了一样。所有扭螺都有一层厚壳皮。

小档案

· 长长的壳毛其实是壳皮的一部分。

· 壳皮的成分与指甲角质层的成分十分相似。

栖息地：海洋

黑口蛙螺

Bursa lamarckii

黑口蛙螺壳表上的瘤状突起，活像蟾蜍满身的疙瘩。这种外壳特别坚固。螺壳每生长半圈，就会形成新的壳唇，创造出独特的对称形状。

栖息地：海洋

华丽美光螺

Niso splendidula

光螺是贝类中的一大类寄生螺。它们寄生在另一种动物身上，会对其造成伤害。华丽美光螺寄生在海星体表，吸食海星的体液。

主要寄生在海星（比如这只红垫海星）身上

栖息地：海洋

花格梯螺

Epitonium clathrus

梯螺精致典雅。多数梯螺在每个螺层上都有几条纵肋，这些肋是之前在生长过程中形成的壳唇。梯螺壳表大多呈白色，但花格梯螺常呈棕色或带有棕色条纹。

小档案

· 梯螺的英文名“wentletrap”源自荷兰语，意为“螺旋楼梯”。

· 与光螺一样，梯螺也是寄生螺，专门以海葵为食。

栖息地：海洋

海氏球刺螺

Alviniconcha hessleri

有些贝类生活在海洋深处。只有极少数动物能够在那片如永夜般黑暗的世界里存活。直到最近，人类才开始借助特制的潜艇和机器人探测器探索这片神秘的领域。这个全身长毛的海氏球刺螺就来自 3.6 千米深处的海沟。

小档案

· 壳毛排列成完美的网格状纹路。

· 它们生活在海底裂缝或热液喷口周围，沸腾的海水从那里喷出！

栖息地：海洋

棋盘唇齿螺

Engina alveolata

唇齿螺属于土产螺科，与蛾螺科是近亲。棋盘唇齿螺因其螺壳上黑色的突起排列酷似摆满棋子的棋盘而得名。它们常见于温暖的浅海。

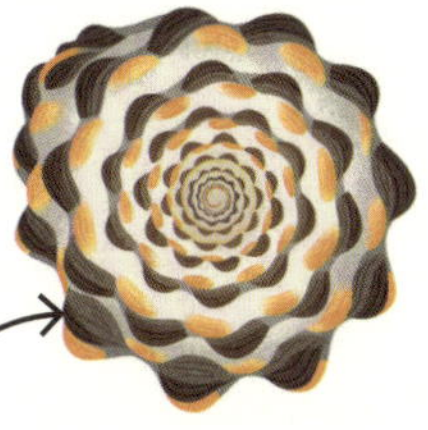

漩涡钩刺螺

Ancistrolepis grammata

蛾螺的英文名称是“whelk”，但令人困惑的是，这个词在欧美的实际使用中又包含了多个蛾螺科以外的类群。漩涡钩刺螺属于“真正的蛾螺”。虽然大多数蛾螺的壳体并不鲜艳，但它们常拥有美丽的雕刻，比如图中这只漩涡钩刺螺就特别漂亮。

栖息地：海洋

小档案

· 华丽澳神螺虽然不是“真正的蛾螺”，但确实与其是近亲。

· 澳大利亚南部的贝类大多都是这里所独有的，不过，澳大利亚北部的多数贝类在印度洋和太平洋也能找到。

华丽澳神螺

Godfreyena luculenta

这种生活在澳大利亚南部温暖水域的螺很容易辨认。它有醒目的橙色或桃色宽带。壳体上点缀着棕色圆点和棕色火焰纹。螺肋触感极其细腻。

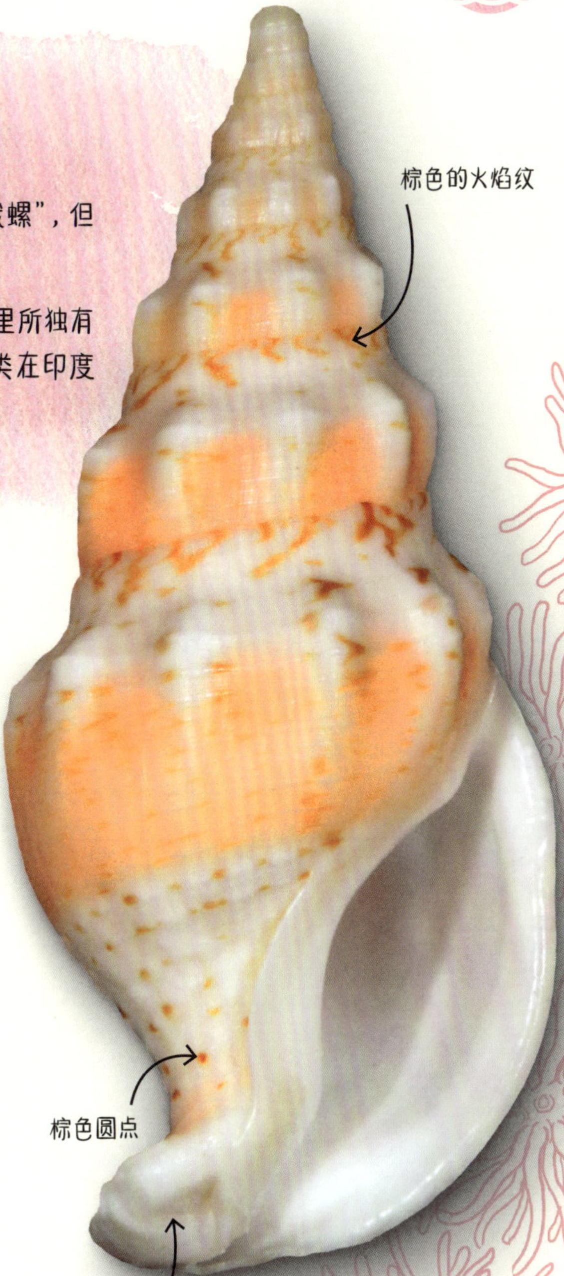

栖息地：海洋

小档案

· 大多数种类的螺的螺层都向右旋转，称作“右旋”，但左旋美洲香螺的螺层却向左旋转，即“左旋”。

· 有时，通常右旋的螺会向左旋转，这种情况非常罕见。

左旋美洲香螺

Sinistrofulgur sinistrum

我们之前读到的所有腹足纲贝类，螺层都是向右旋转的，壳口位于右侧。但有一小部分贝类却反其道而行之，它们的螺层朝相反方向旋转，壳口位于左侧。这些贝类就是左旋螺，比如左旋美洲香螺和它的一些近亲。

栖息地：海洋

线纹锯管螺

Serratifusus lineatus

线纹锯管螺是一类生活在深水中的贝类，主要分布在太平洋新喀里多尼亚附近的海域。那里没有渔船活动，也鲜有水手造访。因此，这些美丽的贝壳很少被人发现。

白斑核螺

Pyrene splendidula

核螺是一大类小型贝类，在海滩上十分常见，因此它的贝壳很多人都见过。许多核螺的壳唇内侧都排列着齿，这只白斑核螺就是如此。

小档案

- 胚壳的结构往往与壳体的其他部分大为不同。
- 虽然有些贝类在生长过程中会失去胚壳，但核螺会一直保留着它们。

栖息地：海洋

疣织纹螺

Nassarius papillosus

疣织纹螺喜欢在海岸边的泥沙中生活，有时呈大群群居。多数贝类的螺层上都有肋，但疣织纹螺的壳体上却布满了排列整齐的疣状突起。

栖息地：海洋

波斯细肋螺

Pleuroploca clava

细肋螺的螺壳尺寸大、分量重，水管沟也十分宽大。波斯细肋螺的色彩特别丰富，它们以其他贝类为食。

栖息地：海洋

木纹特拉镝螺

Teralatirus roboreus

木纹特拉镝螺属于一个非常小的贝类类群。专家曾经以为它们属于犬齿螺科中的特殊类群，现在发现它们可能与“真正的蛾螺”亲缘更近。虽然体形小，但它们身上的彩色环纹组合却令人惊艳。

小档案

- 木纹特拉镝螺生活在浅海珊瑚碎块下。
- 常见于小安的列斯群岛或委内瑞拉附近的小岛。

受保护的贝类

有些贝类受到法律的保护，通常不能采集。世界各国之间制定了专门保护它们的公约，让我们一起来认识这些在全球都受到保护的贝类吧。

大凤螺

由于人们喜欢食用，大凤螺（*Aliger gigas*）遭到过度捕捞，数量已经越来越少了。现在，它们得到了保护。

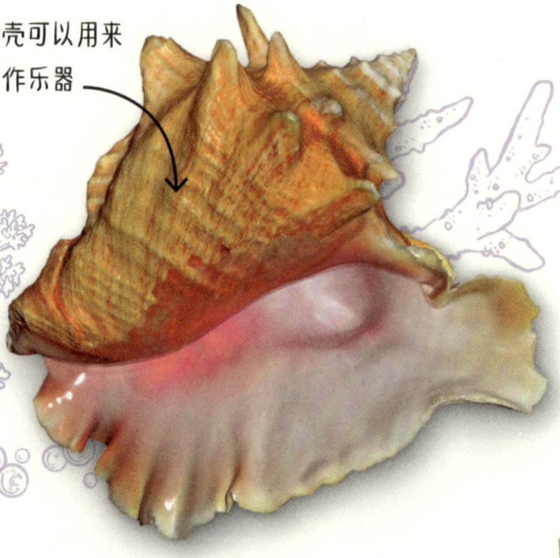

砗蠔

砗蠔（*Hippopus hippopus*）受到国际法的保护。它们常见于热带珊瑚礁中，会将自己牢牢地固着在珊瑚之间。如果强行将其从珊瑚礁中取出，就会对珊瑚造成破坏。

小玛瑙螺

夏威夷瓦胡岛的山区曾是许多色彩斑斓的小玛瑙螺的家园。可惜由于天敌被意外带入岛上，部分种类的小玛瑙螺现已灭绝。所有幸存下来的小玛瑙螺都受到了保护。

珍珠鹦鹉螺

过去渔民大量采集珍珠鹦鹉螺（*Nautilus pompilius*）作为纪念品卖给游客。尽管有着螺旋外壳，但它们其实属于头足纲，而不是腹足纲。

与腹足纲贝类相同的螺旋单壳

这是可爱彩条蜗牛（*Polymita venusta*）

彩条蜗牛

彩条蜗牛曾被用来制作首饰，加上栖息地被农业活动破坏，现在只能在加勒比海古巴岛上找到它们的踪迹。现在，它们已被列为保护物种。

美丽尖柱螺

美丽尖柱螺（*Papustyla pulcherrima*），又叫“绿巴布亚树蜗”“翠绿蜗牛”，仅分布在巴布亚新几内亚附近的一个小岛上。它们生活在高大的树木上。随着树木被大量砍伐，它们的生存面临严重威胁。

这些贝壳还被用来制作首饰

淡水贝类

一些淡水双壳纲贝类，如阿氏强膨蚌（*Cyprogenia aberti*）也受到保护。

所有受保护贝类的名录会定期调整。有些贝类只在某些国家受到保护，而在其他国家则不受保护！

栖息地：海洋

玫瑰棘螺

Chicoreus palmarosae

棘螺是腹足纲最大且最重要的类群之一，种类极其丰富。其中许多种类都有精致的棘刺。最漂亮的玫瑰棘螺产自斯里兰卡。

栖息地：海洋

兰花棘螺

Chicoreus orchidiflorus

兰花棘螺的壳唇不是棘刺，而是扩展成鳍状或翅状。它每长出一个新螺层，就会形成三片壳唇。旧壳唇也清晰可见，称作“纵肿肋”。

小档案

· 还可以看到之前的两条水管沟，一条向左弯曲，另一条向右弯曲。

· 与多数棘螺一样，兰花棘螺也以其他软体动物为食。

栖息地：海洋

小档案

- 棘刺能防止维纳斯骨螺陷入泥中。
- 棘刺还能抵御天敌攻击。

维纳斯骨螺

Murex pecten

维纳斯骨螺长长的棘刺活像一把梳子。传说这是罗马爱神维纳斯使用的梳子！不过要小心，这些梳齿十分锋利。

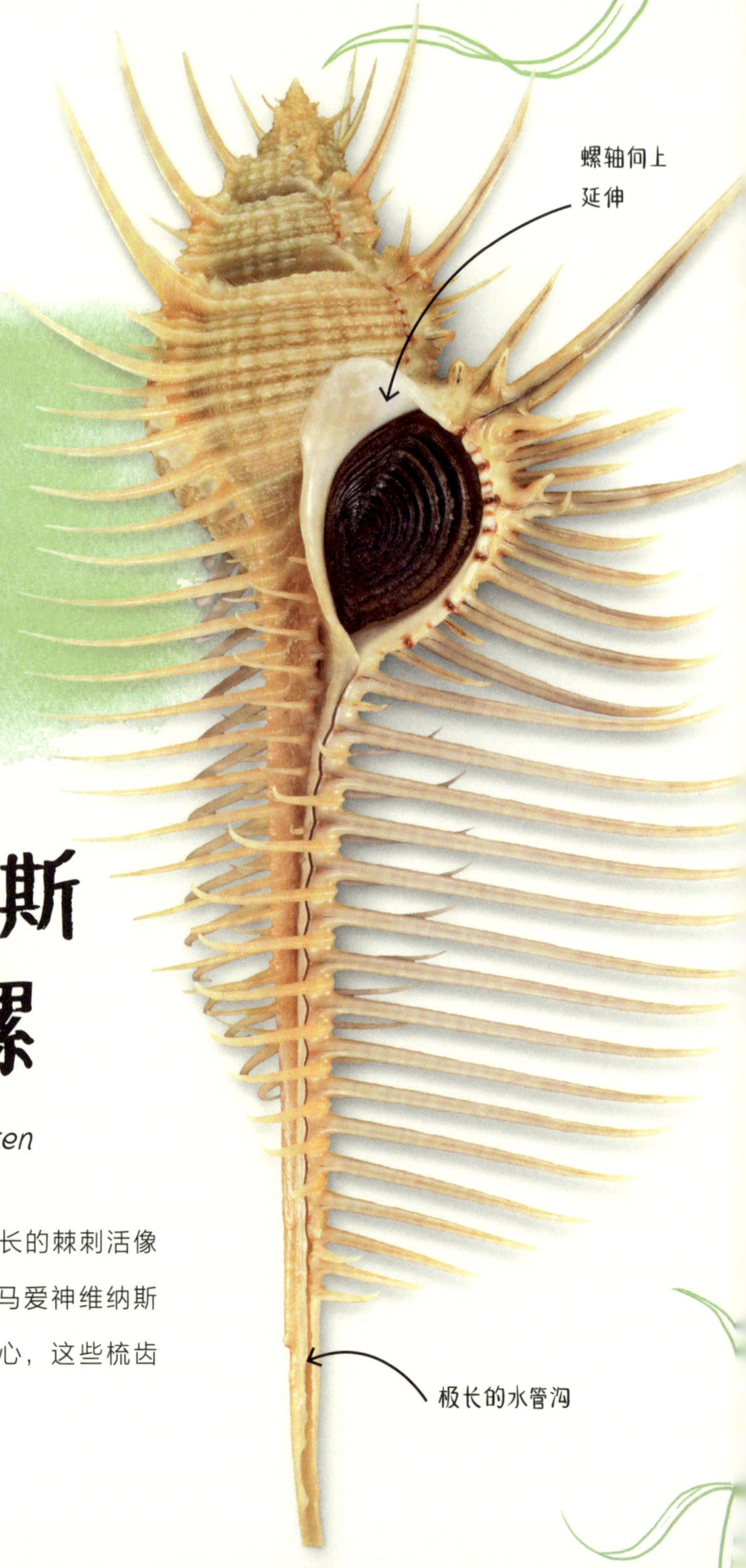

栖息地：海洋

大犁翼螺

Pterynotus elongatus

大犁翼螺的壳唇具有美丽的皱褶延展。旧壳唇形成的纵肿肋排列成规则的线条。不过纵肿肋容易磨损，因此很难找到完美无缺的标本。

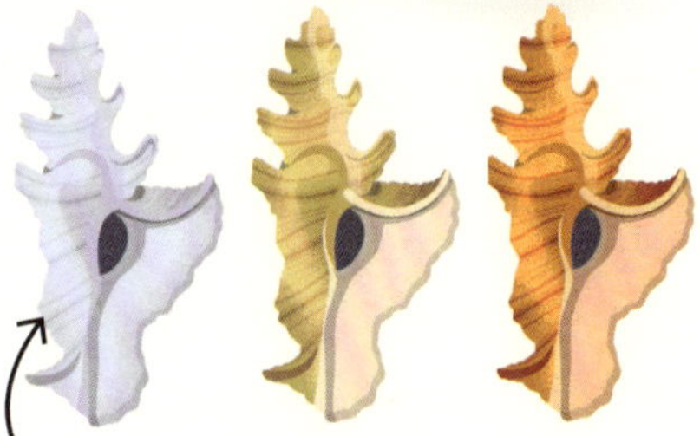

大犁翼螺色彩多变，如白色（最常见）、黄色、橙色和紫色

白兰地芭蕉螺

Timbellus bednalli

这种精美的骨螺有着非常发达的纵肿肋。这些纵肿肋在螺塔上排列，看起来就如一对完美的翅膀。这对“翅膀”如此之大，相比之下壳口显得很小。

小档案

- 澳大利亚土著称它为“蝴蝶贝”，因为其纵肿肋排列起来酷似蝴蝶翅膀。
- 颜色多样，如粉色、白色、橙色或棕色，有时是这些颜色的混合色。

栖息地：海洋

芭蕾舞虹管骨螺

Siphonochelus pavlova

虹管骨螺有一根长长的排泄管。芭蕾舞虹管骨螺的排泄管笔直伸出，就像芭蕾舞演员抬腿举过头顶的动作一样！它的拉丁学名是以俄罗斯著名芭蕾舞演员安娜·帕夫洛娃（Anna Pavlova）的名字命名的。

钝角口螺

Ceratostoma burnetti

这种骨螺及其近亲之所以被称为“角口螺”，是因为它们的壳唇上有一个角状突起。和所有的骨螺一样，它们也是肉食性动物，会用角状突起撑开双壳纲贝类的壳来大快朵颐。

小档案

- 壳色多变，有棕色、棕褐色、橙色或白色，有的还有螺旋色带。
- 主要分布于韩国、中国北部和日本。

栖息地：海洋

珍妮塔肩棘螺

Babelomurex jeanneae

肩棘螺与骨螺亲缘关系密切，但以珊瑚虫为食。珍妮塔肩棘螺的棘刺排列整齐，且向上翘起。

栖息地：海洋

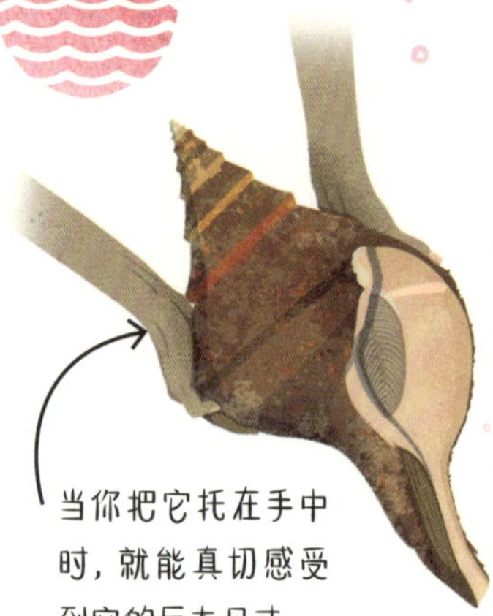

澳大利亚大圣螺

Syrinx aruana

这是世界上最大的腹足类海贝，有时壳长可达 70 厘米！由于体形巨大，澳大利亚人常将它用作花盆或花园装饰。

栖息地：海洋

桑给巴尔锤头犬齿螺

Tudivasum zanzibaricum

这种美丽的犬齿螺具有非常厚实的壳唇和巨大的顶盾。幼贝时壳唇薄且无顶盾。许多犬齿螺的肩部都有瘤状突起，而它有真正的棘刺。

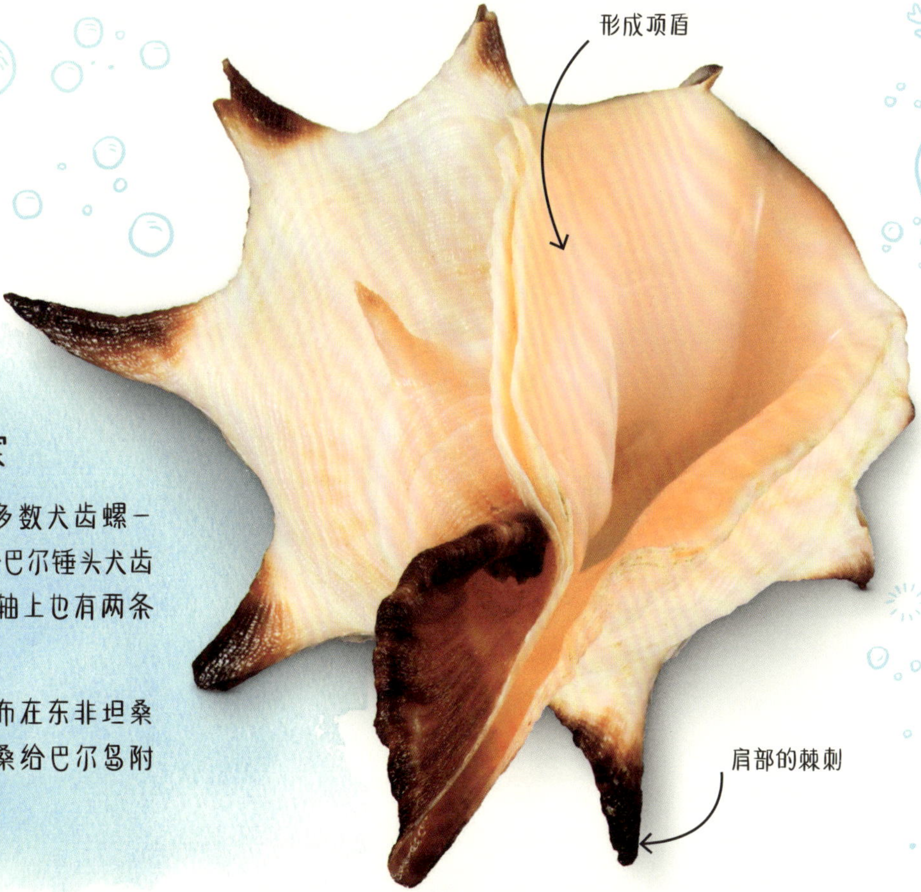

小档案

· 与大多数犬齿螺一样，桑给巴尔锤头犬齿螺的螺轴上也有两条褶襞。

· 仅分布在东非坦桑尼亚的桑给巴尔岛附近海域。

栖息地：海洋

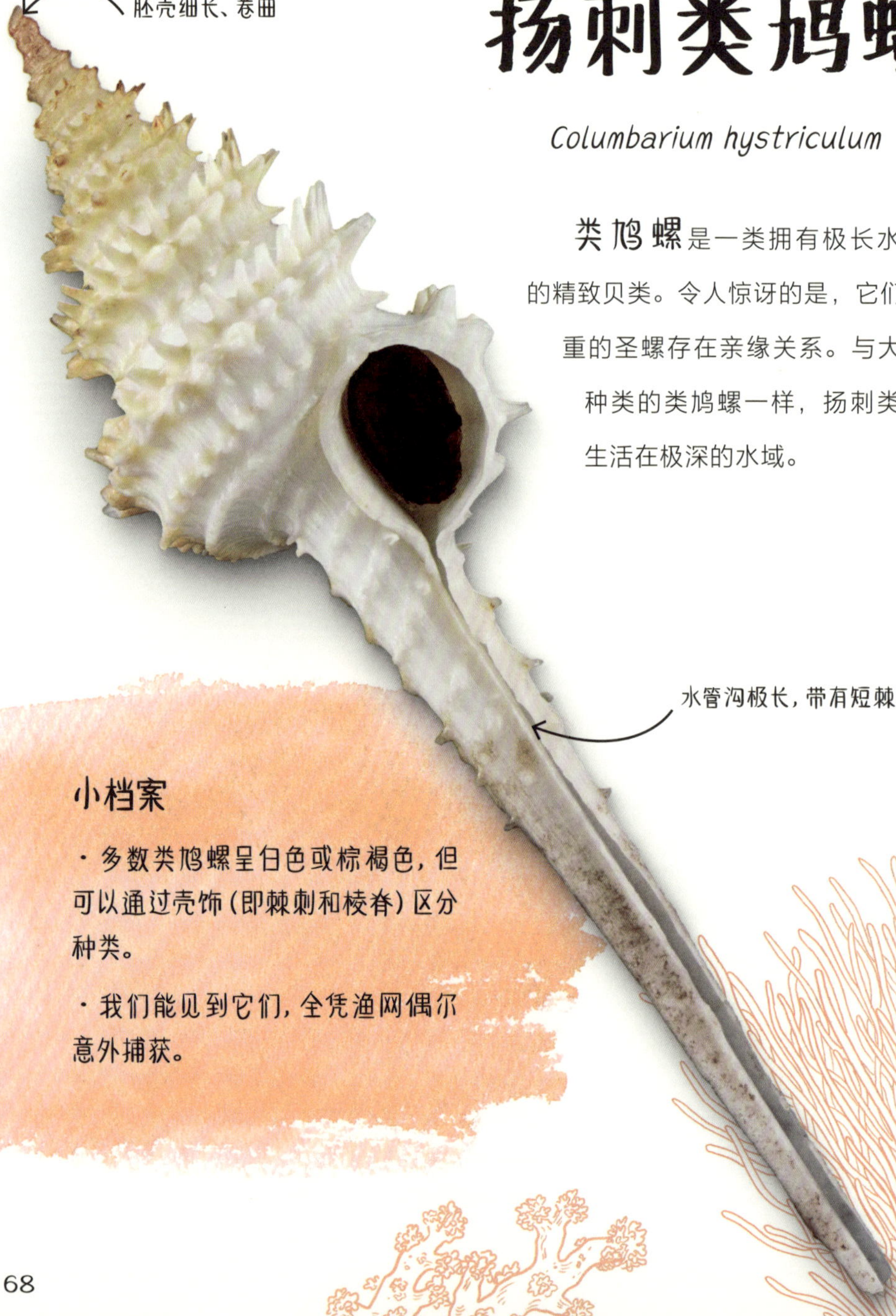

扬刺类鸠螺

Columbarium hystriculum

类鸠螺是一类拥有极长水管沟的精致贝类。令人惊讶的是，它们与笨重的圣螺存在亲缘关系。与大部分种类的类鸠螺一样，扬刺类鸠螺生活在极深的水域。

小档案

· 多数类鸠螺呈白色或棕褐色，但可以通过壳饰（即棘刺和棱脊）区分种类。

· 我们能见到它们，全凭渔网偶尔意外捕获。

栖息地：海洋

库氏
菖蒲螺

Vexillum kuiperi

肋脊螺是一大类色彩斑斓的海洋腹足纲贝类。多数都有沿螺层上下延伸的纵肋，而不是螺旋肋。库氏菖蒲螺属于肋脊螺科，且具有醒目的红白相间带状纹路，中间以黑色螺旋纹隔开。

栖息地：海洋

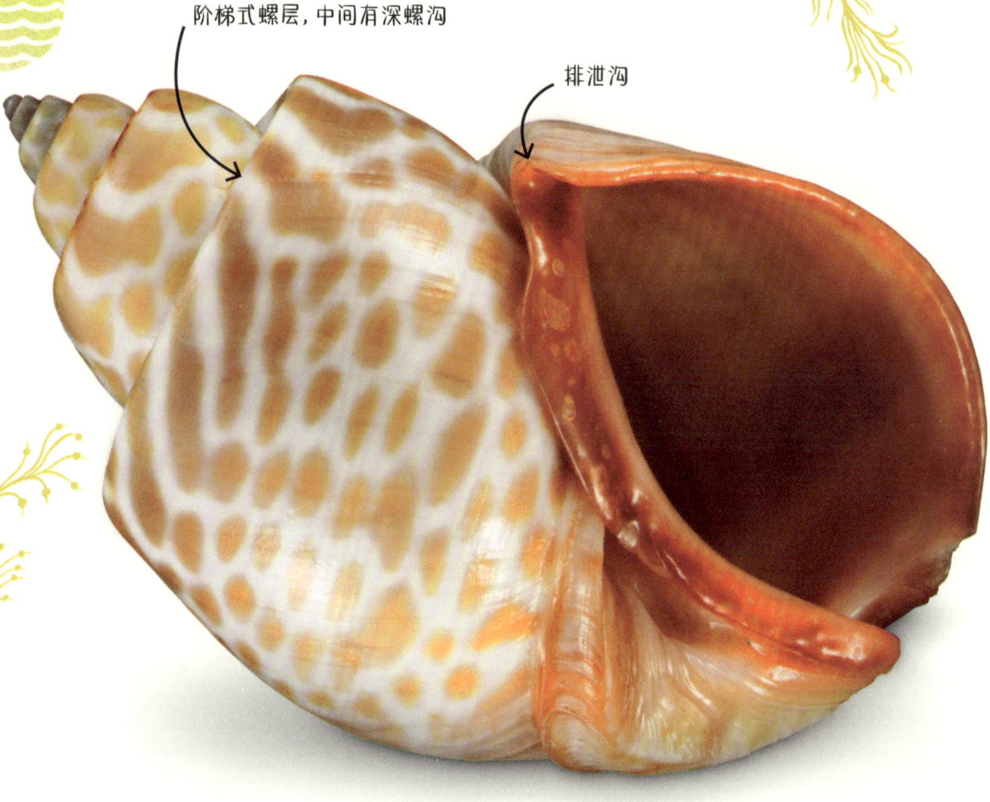

深沟东风螺

Babylonia spirata

东风螺是一小类壳形圆润或呈球形的贝类，螺层呈圆形。深沟东风螺的纹路极易辨认——白底红褐色斑点。它们是印度次大陆上的常见贝类，因为它们会被冲到海滩上。

小档案

· 孩子们有时会把它倒过来当陀螺用。

· 全世界约有 20 种不同的东风螺，但它们的纹路却惊人地相似。

栖息地：海洋

紫唇梨形螺

Melapium elatum

它浑圆的外形让一些人联想到洋葱。紫唇梨形螺是一个令人费解的小类群，专家们无法就其亲缘物种达成一致。它们都生活在东非和南非附近的深海中。

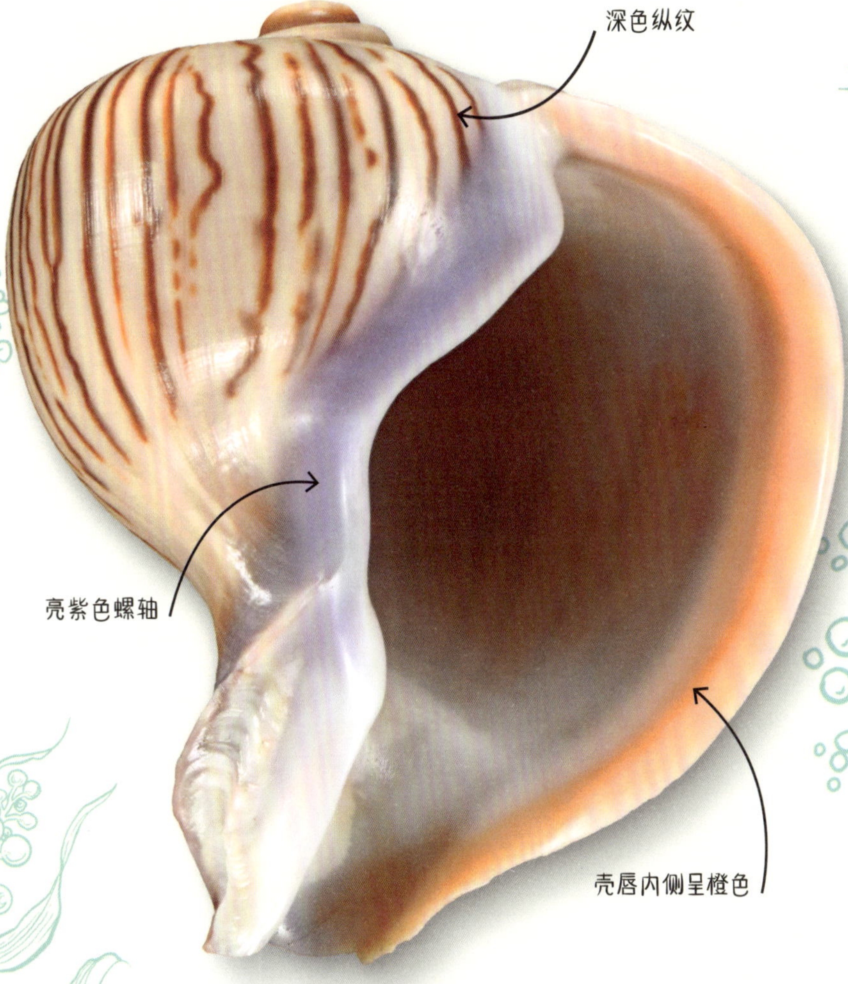

栖息地：海洋

嘉年华涡螺

Festilyria casaana

涡螺是一类又大又重的贝类，其螺壳优雅的造型和纹路吸引了许多收藏者。绚丽的涡螺主要生活在温暖的海域，比如嘉年华涡螺，但也有一些涡螺生活在北极和南极地区。

小档案

· 多年来，科学家们一直不清楚嘉年华涡螺生活在哪里，因为标本在储存时没有标明采集地点。

· 和所有涡螺一样，嘉年华涡螺也是肉食性动物，以小型海洋生物为食。

栖息地：海洋

极乐涡螺

Festilyria ponsonbyi

极乐涡螺会把自己深深地埋进沙子里藏起来。它很少被渔网捕获，也不会被冲上海滩。人们可能会在眶鳞鲷的胃里找到它，因为眶鳞鲷会吞食这种涡螺。

眶鳞鲷是一种大型鱼类，能够吞下整个贝壳

斯里兰卡琴涡螺

Lyria cloveriana

这种色彩绚丽的涡螺只生活在印度洋的斯里兰卡附近，常被渔网捕获。斯里兰卡琴涡螺的拉丁学名源自美国著名贝类学家菲利普·克洛弗（Phillip Clover）的名字，他发现了许多贝类新物种。

小档案

- 多数种类的涡螺都没有厣，但斯里兰卡琴涡螺例外。
- 这种涡螺也被称为“百万富翁螺”，因为有些人愿意花大价钱购买。

乳头涡螺

Livonia roadnightae

罗德奈特夫人（Mrs Roadnight）在海滩上捡到了一枚涡螺，并用它撑开了旅馆的窗户。一位科学家后来恰巧入住同一个房间，并注意到了这枚从未见过的奇特贝壳！最终，这枚贝壳就以这位女士的名字来命名。

玲珑竖琴螺

Harpa amouretta

竖琴螺是肉食性动物，拥有一只发达的大肉足和两条触手，每条触手基部都生有一只眼睛。与所有竖琴螺一样，玲珑竖琴螺的体螺层上布满宽大的纵肋。它的壳口宽大，但没有厣。

雀斑肋缘螺

Glabella pseudofaba

缘螺又称“谷米螺”，是一大群引人注目的贝类，尽管其中许多成员都相当小。它们的贝壳极富光泽，拥有精致的花纹与多变的色彩，宛如收藏的珠宝。雀斑肋缘螺的螺壳上往往带有黑斑。

小档案

- 最美丽的缘螺大多出产于西非和南非海域。
- 雀斑肋缘螺的贝壳之所以富有光泽，是因为它们移动时，柔软的外套膜会覆盖壳表。

栖息地：海洋

米勒三角口螺

Trigonostoma milleri

米勒三角口螺属于衲螺科，这是一群尺寸普遍较小的腹足纲贝类。它们的贝壳通常呈棕色，形似肉豆蔻种子。米勒三角口螺非常特别，因为它的螺层互不接触，也就是说，螺壳中央完全开放，螺壳围绕中心部分盘旋。

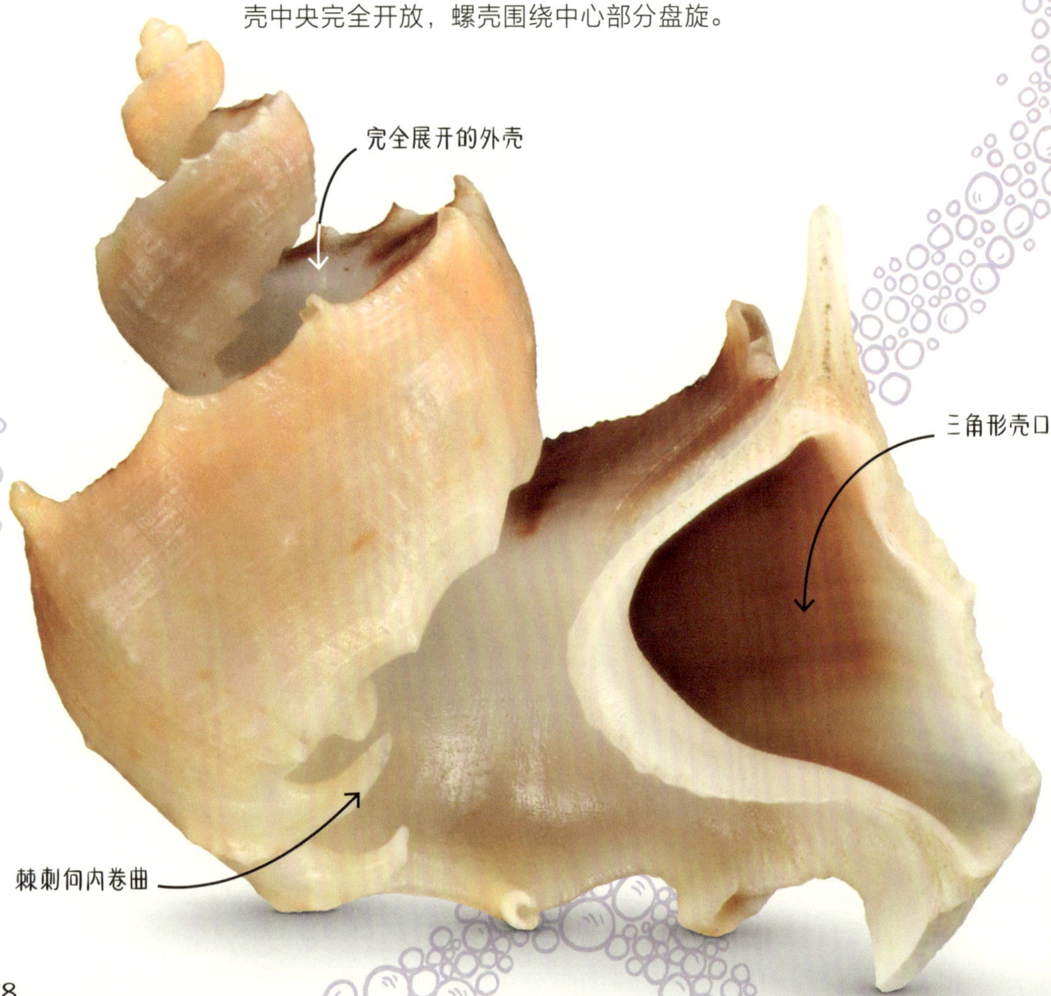

栖息地：海洋

小档案

· 真正的笔螺，比如网纹笔螺，不像肋脊螺那样具有纵肋，但部分种类具有螺旋肋。

· 和许多贝类一样，网纹笔螺也是夜行性动物，只在夜间觅食。

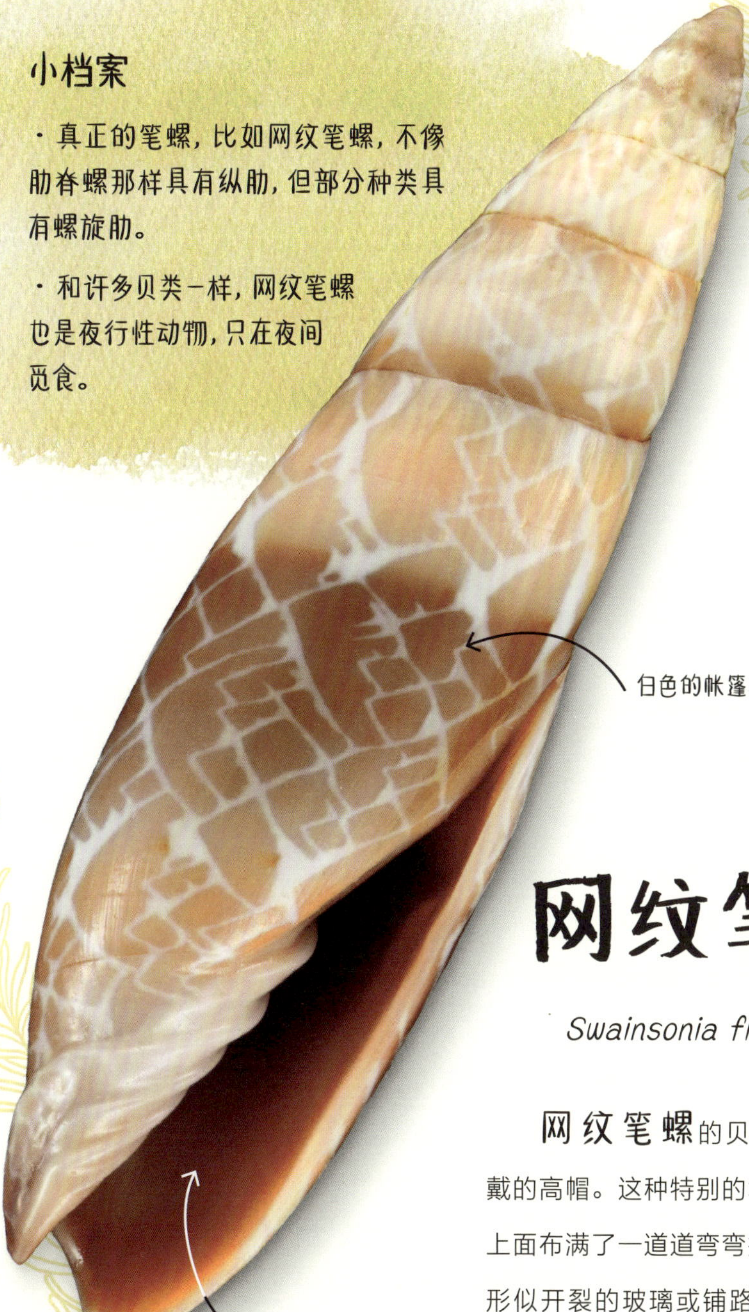

网纹笔螺

Swainsonia fissurata

网纹笔螺的贝壳形状就像主教戴的高帽。这种特别的笔螺有棕色螺壳，上面布满了一道道弯弯折折的白色纹路，形似开裂的玻璃或铺路石，它也因此而得名。

风景榧螺

Oliva porphyria

风景榧螺虽然形似宝贝，但如果你仔细观察，会发现它的壳口与宝贝不同。榧螺色彩斑斓，但风景榧螺以其鲜明的帐篷状纹路而闻名。它们生活在浅海的沙地上，在夜间活动。

拟钝头侍女螺

Amalda decipiens

拟钝头侍女螺的螺壳上有一块增厚区域，叫作胼胝。胼胝延伸到螺塔上，盖住了早期螺层，因此我们看不到它的螺旋结构。这种螺的壳唇比榧螺的薄得多。

小档案

- 拟钝头侍女螺及其近亲都有厣，而榧螺没有厣。
- 与榧螺类似，拟钝头侍女螺也会攻击双壳纲贝类，并吸食其中的软体。

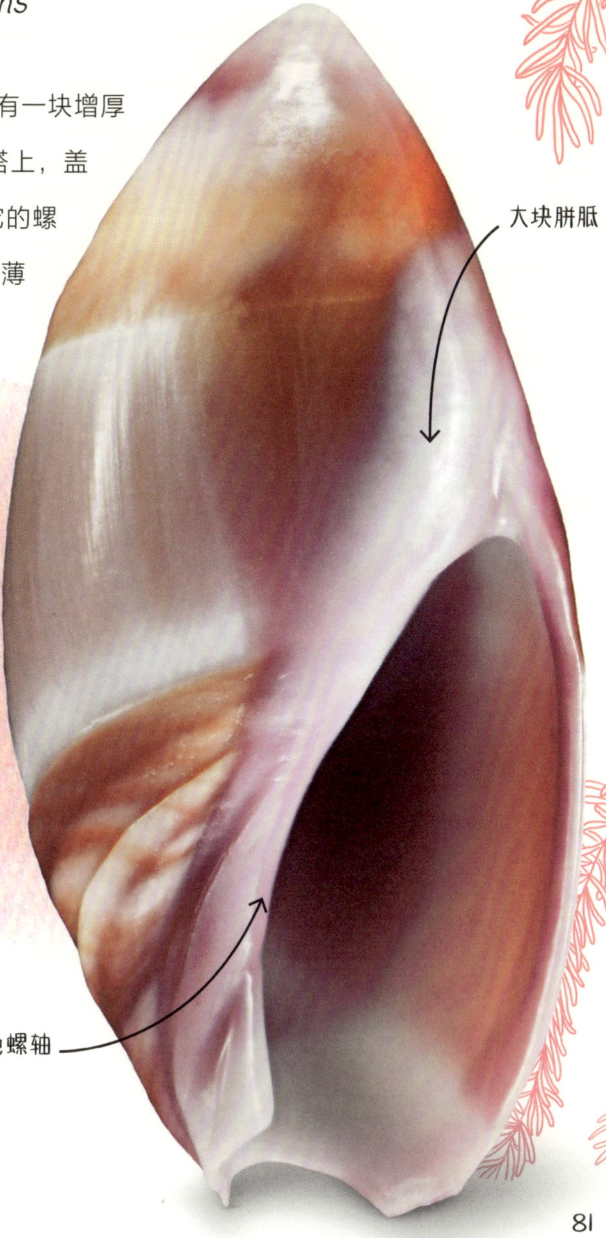

栖息地：海洋

胜利芋螺

Conus victor

胜利芋螺因其绚丽的纹路与色彩而引人注目。壳缘笔直，向水管沟渐窄，螺塔低矮，整个贝壳呈锥体。所有芋螺都是肉食性贝类。

织锦芋螺

Conus textile

所有芋螺都有一定程度的毒性，但织锦芋螺却可致命！它有一个小“渔叉”，可以迅速将毒液注入对方体内。虽然芋螺很常见，但绝对不能捡拾活体。

小档案

- 织锦芋螺通常会捕食其他贝类。
- 在全世界约 1000 种芋螺中，有几种对人类有致命威胁，织锦芋螺就是其中之一。

“荣光”系列芋螺

长期以来，芋螺的优雅造型和复杂纹路一直令人着迷，部分种类更是成为自然界中受人追捧的珍品。以下这些芋螺的名字就彰显了它们崇高的地位。

这种芋螺2009年发现于菲律宾，因其金壳细纹，被称为“大洋荣光芋螺”（*Conus glorioceanus*）

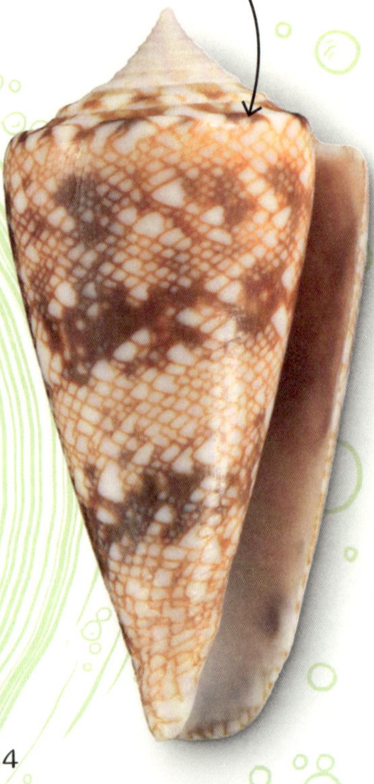

大西洋荣光芋螺（*Conus granulatus*）呈红色、橙色或粉红色，生活在大西洋西部的加勒比海。看看它的螺旋雕饰（螺肋）

数百年来，海之荣光芋螺（*Conus gloriamaris*）一直被公认为是最珍贵的贝类。其颜色金黄，帐篷状纹路非常复杂

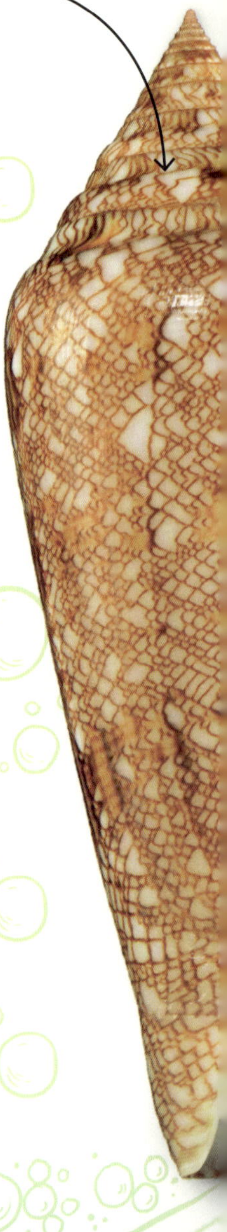

孟加拉荣光芋螺（*Conus bengalensis*）的帐篷状花纹与印度洋荣光芋螺相似，但螺塔较低，它产于孟加拉湾

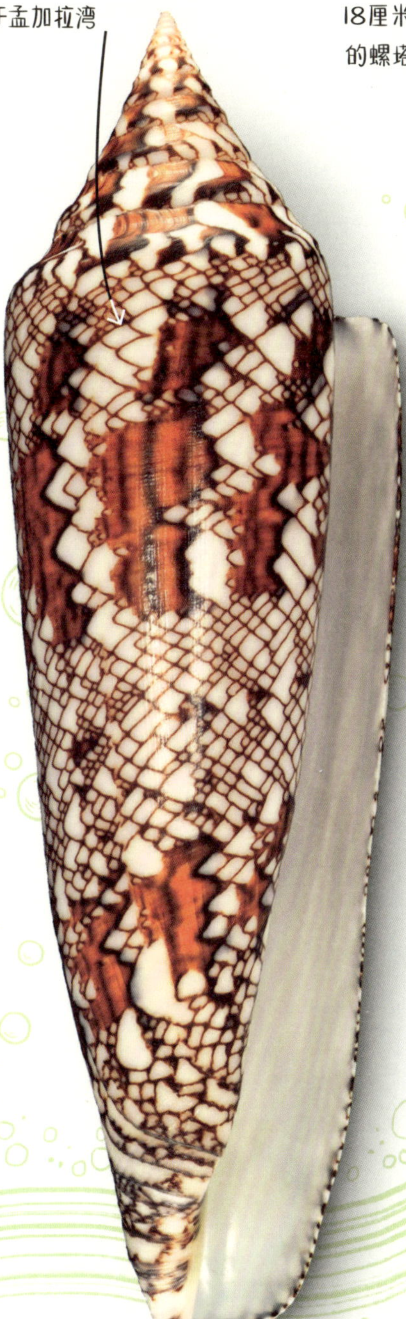

印度洋荣光芋螺（*Conus milneedwardsi*）是体形最大的芋螺之一，壳长可达18厘米。对于芋螺来说，它的螺塔异常高大

栖息地：海洋

小档案

· 环疣芋螺成体壳唇很薄。多数腹足纲贝类只有在成年后壳唇才会增厚。

· 与多数芋螺相同，环疣芋螺白天把自己埋在沙子里，晚上出来觅食。

· 有些芋螺实际上会捕捉鱼类，并把它们整个吃掉。

环疣芋螺

Conus circumactus

一些芋螺有螺旋壳饰，比如环疣芋螺。其亮橙色的螺壳上有两条白色螺带。螺塔呈白色，带有深色斑块。你很容易就能摸到它体螺层上突起的螺旋肋。

栖息地：海洋

奇异宽肩螺

Thatcheria mirabilis

奇异宽肩螺属于腹足纲中的一个庞大类群——拉菲螺科。虽然外形多变，但它却是芋螺的近亲。奇异宽肩螺造型独特，极易辨认。

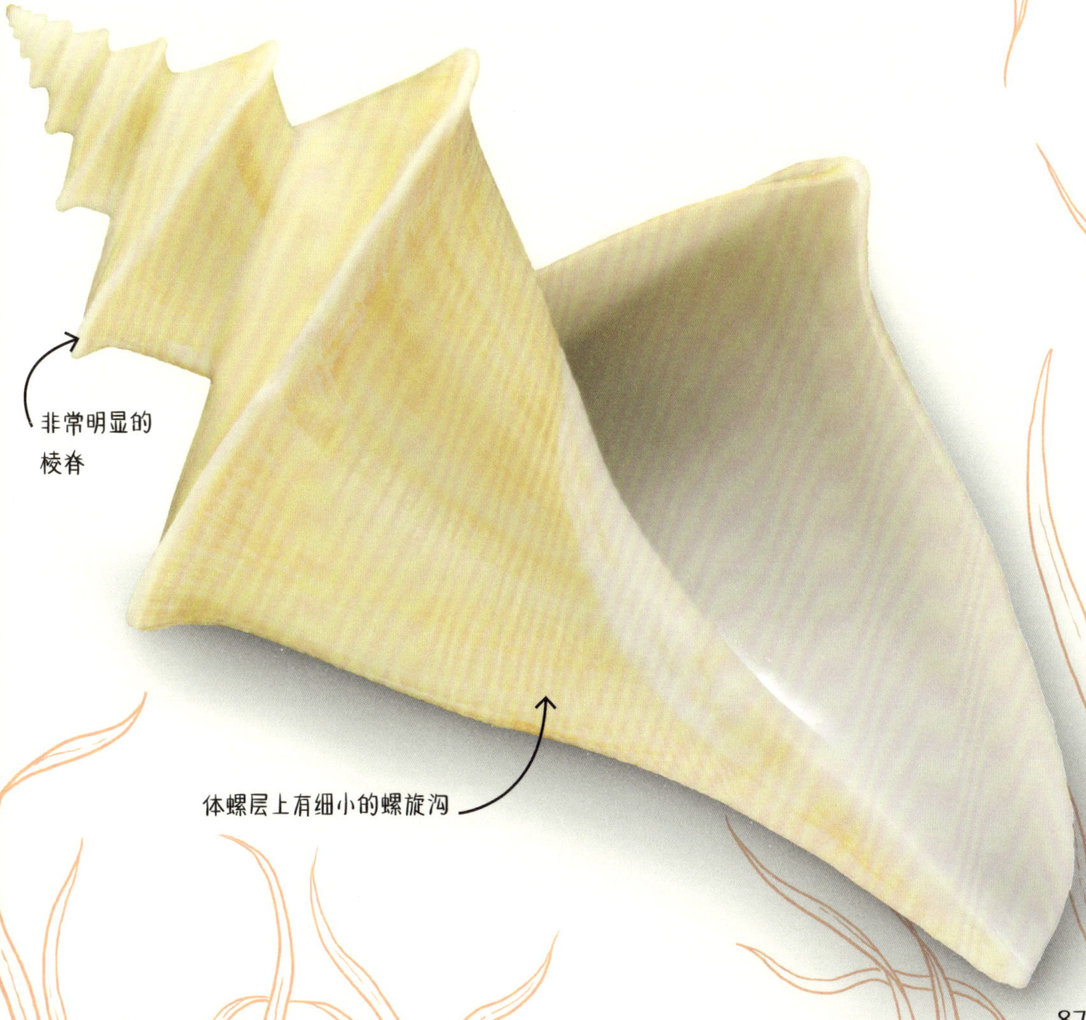

胭脂笋螺

Myurella russoi

笋螺又细又长，白天把自己埋在沙子里。它们的螺层比其他任何一类腹足纲贝类都要多。胭脂笋螺生活在浅海中，因壳体呈红褐色而得名。

小档案

- 胭脂笋螺有 21 层螺层，但其他一些笋螺可多达 56 层！
- 如果你在浅水区的沙子上看到一条细细的“痕迹”，那可能是笋螺留下的。

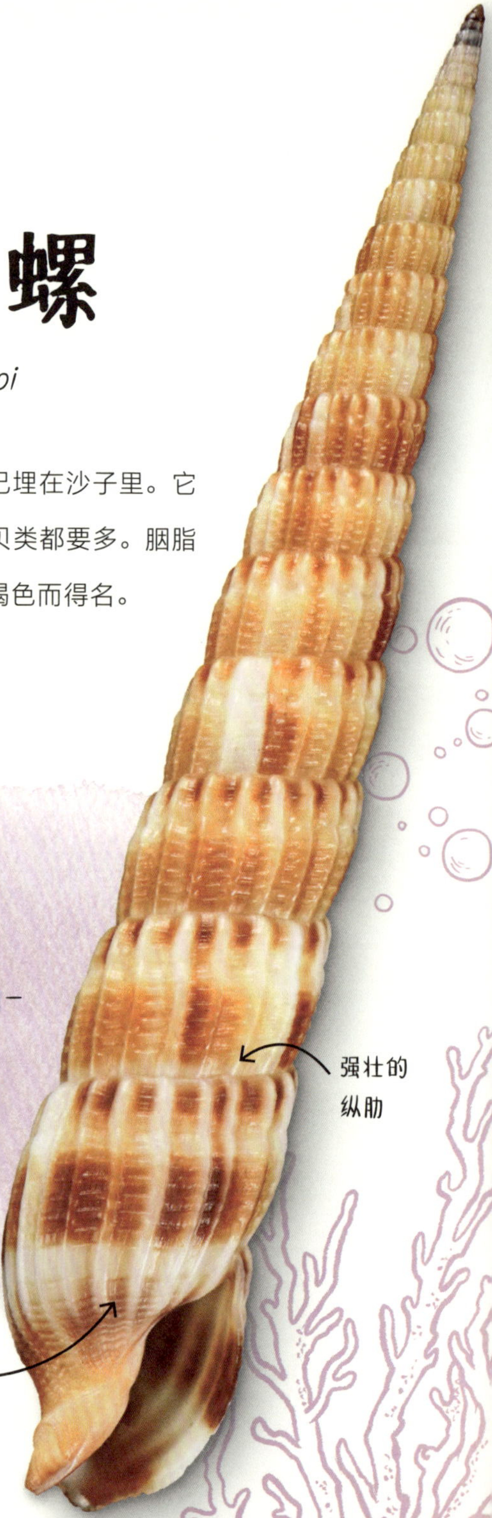

配景轮螺

Architectonica perspectiva

配景轮螺呈近乎完美的圆形，从侧面看像一个低矮的穹顶。螺壳上有规则的环纹，看起来就像钟表或日晷上的标记。在欧美，它们也被形容为“盘卷的楼梯”。

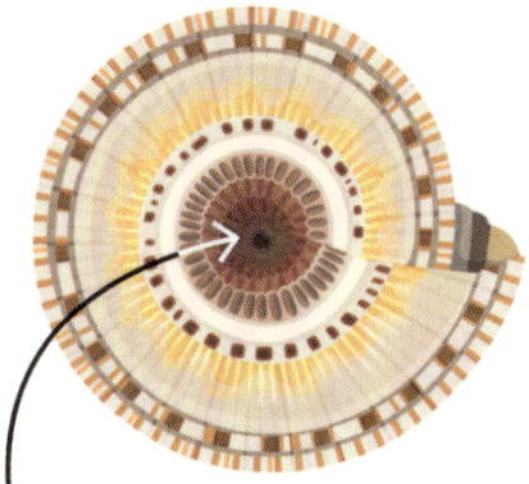

栖息地：海洋

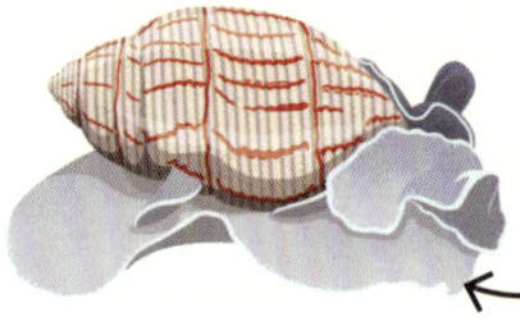

线红纹螺

Bullina lineata

红纹螺的壳往往很薄，而且相比其软体显得过小。线红纹螺的软体部分十分精致，几乎呈透明状。壳上错综复杂的红色线状纹路可能会让你想起蛋糕上的糖霜。

栖息地：海洋

松卷无角螺

Akera soluta

这种极其脆弱的贝类的外壳小到几乎无法完全容纳其身体，更像是一个被软体组织包裹的内壳。其螺层的盘旋结构完全呈开放式，凭借轻巧的外壳，松卷无角螺可是出色的游泳健将。

小档案

· 分布在印度洋和西太平洋，以及新西兰附近海域。

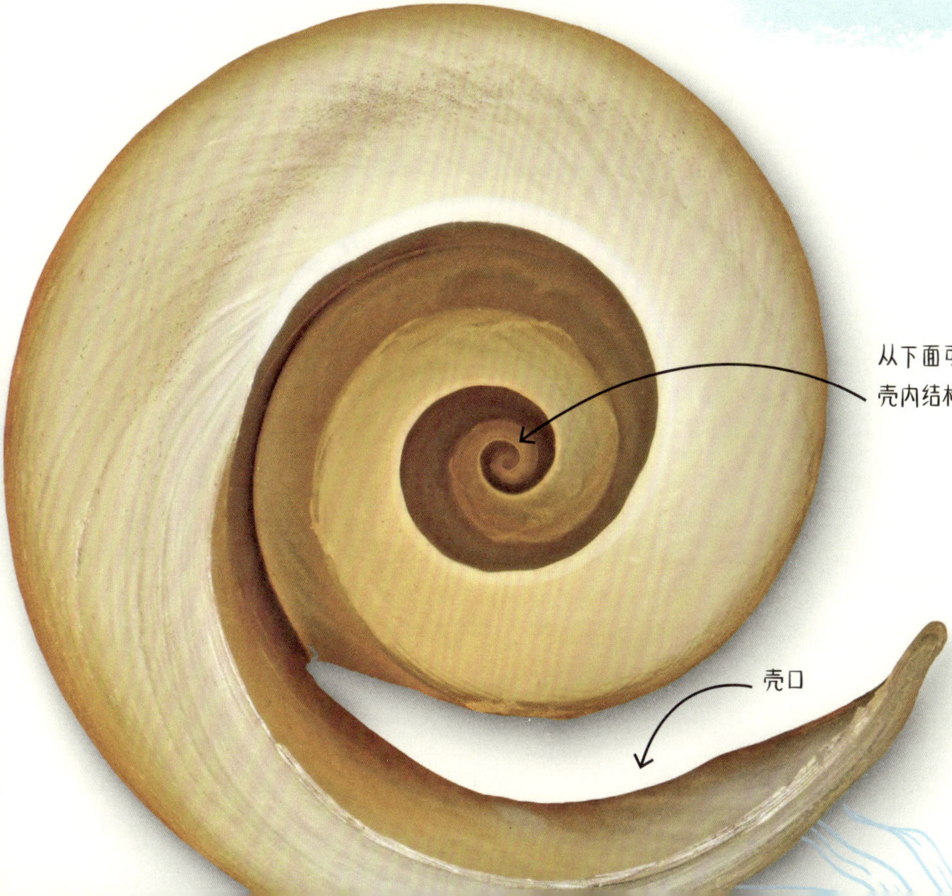

这是贝壳吗？

本书介绍的是贝类的贝壳。你可能会在海边遇到其他看起来像贝壳的东西，但它们并不属于贝类。你见过下面这些“冒牌货”吗？

螃蟹的背甲

螃蟹、虾和龙虾属于甲壳动物，它们与贝类不同。大多数螃蟹都有坚硬的外骨骼，称作“背甲”，你可能会在海滩上看到螃蟹的背甲。这是红脸馒头蟹（*Calappa rubroguttata*）的背甲。

这只草莓陆寄居蟹（*Coenobita perlatus*）选择寄居在蛛螺的壳里

寄居蟹

寄居蟹是贝类吗？当然不是！寄居蟹确实有外壳，但这个外壳是它们借来的。寄居蟹属于甲壳动物，腹部较软，于是它们“借用”螺壳来保护自己，既可以背着借来的壳到处走，也可以随时“退租”搬家。

海胆壳

海胆可不是贝类，虽然它们也拥有坚硬的外壳。这是一只精致腔海胆（*Coelopleurus exquisitus*）。请注意，胆壳上的纹路重复了五次，海胆通常呈现这种五辐射对称结构。

腕足动物的外壳

腕足动物因具有两枚贝壳常被误认为是双壳纲贝类，但是它们柔软的身体与贝类截然不同。大多数腕足动物都会通过肉茎把自己固着在海底礁石上。这只腕足动物是血红翅缰贝（*Frenulina sanguinolenta*）。

螺蛳

Margarya melanioides

一些腹足纲贝类生活在河流和湖泊中，而非海洋。它们适应在淡水中生存。螺蛳生活在中国的某些湖泊中，以前十分常见。它有一个厣，壳皮呈绿色或褐色。

小档案

- 幼螺在卵内发育成熟后才会被母螺排出体外。
- 螺蛳喜欢生活在浅湖的泥沙中。

霍氏非洲沼蜷

Tiphobia horei

没有其他淡水螺类像这种螺一样带有棘刺。它只生活在非洲东南部的坦噶尼喀湖，湖里生活着大约 65 种全世界独一无二的淡水螺类。霍氏非洲沼蜷的壳唇非常纤薄，极易破损。

德夫人圆口螺

Tropidophora deburghiae

水生贝类主要通过鳃呼吸（类似于鱼类），大多数陆生贝类则在外套膜的一部分形成“假肺”，用以呼吸。德夫人圆口螺虽属于陆生贝类，但仍保留了鳃。美丽的圆口螺有许多种类，主要分布在马达加斯加。

栖息地：陆地

小档案

· 虽然壳口看起来在左边，但它并不是左旋螺。只是因为壳口朝后，所以看起来很奇怪！

· 壳口呈圆形，是典型的有厣陆生贝类。

奇迹扭口螺

Plectostoma mirabile

这种奇异的扭口螺生活在东南亚加里曼丹岛的洞穴壁上。洞穴通常阴凉潮湿，在炎热的国家是陆生贝类生活的好地方。尽管体螺层令人惊叹，但奇迹扭口螺的螺旋看起来还是正常的。

暗黑刺扭管螺

Blaesospira echinus infiernalis

这种脆弱的螺像刺猬一样浑身长满棘刺，生活在古巴岛陡峭山崖的石灰岩上。除胚壳外，暗黑刺扭管螺的壳体是散开的。它能将壳口紧紧固着在岩石上，以免在干旱时节被晒干。

栖息地：陆地

脆雪花通管螺

Meganipha rhecta

脆雪花通管螺有许多精致的纵肿肋（旧壳唇），看起来像一片放大的雪花。它生活在云雾林这种特殊的栖息地，那里潮湿的空气润泽万物。因其生活在丛林深处，极少有人见过脆雪花通管螺的真容。

小档案

· 即便是动作轻柔，纵肿肋也是触之即碎。

· 它之所以被称为“脆雪花通管螺”，就是因为它的纵肿肋极易破碎。

栖息地：陆地

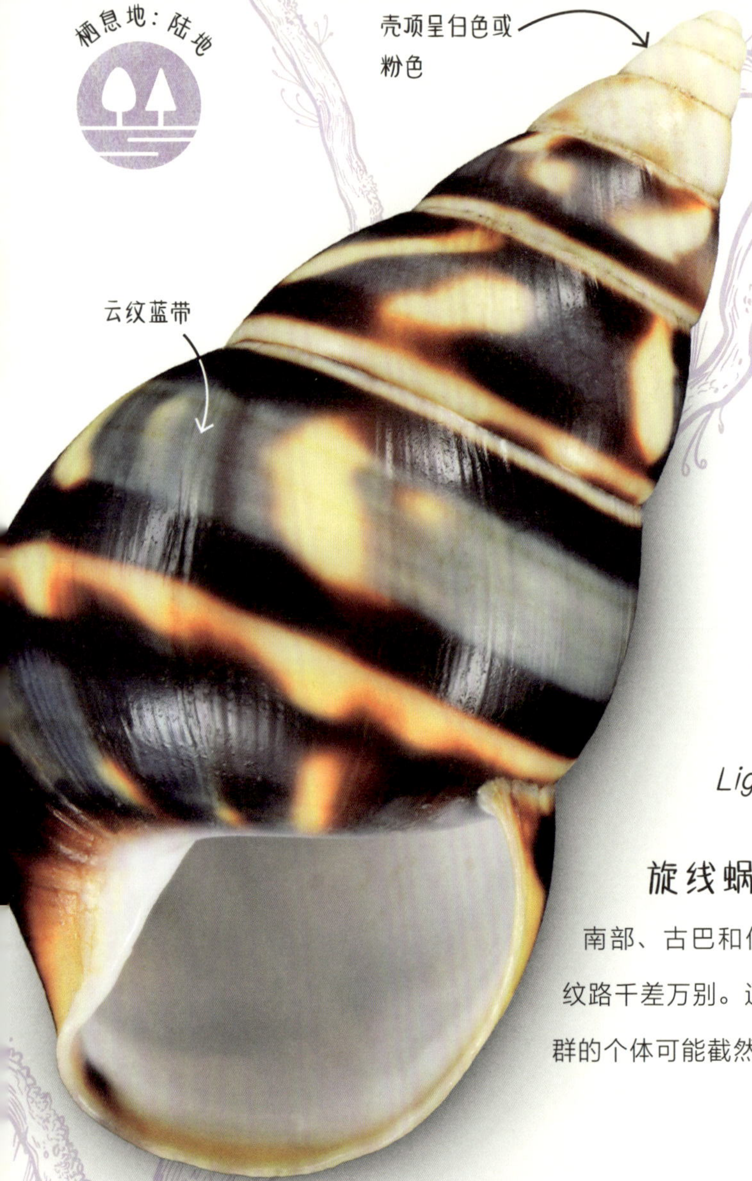

旋线蜗牛

Liguus fasciatus

旋线蜗牛分布在美国佛罗里达州南部、古巴和伊斯帕尼奥拉岛，其色彩、纹路千差万别。通常，生活在同区域相邻树群的个体可能截然不同。旋线蜗牛没有厣。

小档案

- 旋线蜗牛用肺而不是鳃呼吸。
- 旋线蜗牛有超过 80 种色彩，每种都有自己的名字。
- 这种蜗牛的典型尺寸为 50 毫米。

龙骨
朝天口蜗牛

Anostoma carinatum

这只蜗牛壳口朝上，外形奇特！唇褶形似牙齿，可以阻挡鸟类和蜥蜴等天敌。龙骨朝天口蜗牛生活在亚马孙雨林，那里是许多奇异蜗牛的家园。

栖息地：陆地

奇异斜管螺

Grandinenia mirifica

斜管螺的壳体呈纺锤状。多数斜管螺的螺旋方向与常见螺类相反，如果仔细观察螺塔，就会发现它是向左旋转的。在陆生贝类中，左旋螺并不像在海洋腹足纲贝类中那么罕见。

小档案

- 活体时，壳口有一个门板结构，其作用与厣相似。
- 它所属的烟管螺科是最大的陆生贝类类群，共有1300多种！

栖息地：陆地

绿带红蜗牛

Eurystyla viridis

绿带红蜗牛的壳体上有一层外皮，叫作角质层，它与壳皮不同。壳体的色彩主要存在于角质层中。这种蜗牛只生活在马达加斯加沿海的布拉哈岛上。

木纹鲍氏螺

Powelliphanta lignaria

木纹鲍氏螺死后，壳体会发生一些奇怪的变化。又厚又硬的壳皮在干燥条件下会逐渐变干。一段时间后，壳皮中的张力会导致壳体爆裂！整个过程发生缓慢，可持续数月，最后只剩下小块碎片。

栖息地：陆地

黄带双旋螺

Amphidromus smithii

壳口左旋的陆生腹足纲贝类并不常见。而双旋螺非常特别，它们的壳体可以左旋或右旋！黄带双旋螺的壳体左旋，在热带森林中可以找到它们。

小档案

- 图中所示的成体壳唇向后卷曲，即外翻。幼体壳唇很薄，不会外翻。
- 印度尼西亚拥有种类最多的双旋螺。通常一种双旋螺只生活在一座岛上，其他地方都没有。

贝壳饰品

贝壳是艺术家与手工艺人的灵感之源，既可被绘入作品的设计之中，也能直接嵌进创作之中。

首饰

从古至今，人类一直在使用贝壳制作首饰。单枚贝壳可制成胸针或耳环，有时还会镀上金银。贝壳常被穿成头带、手链或精致的项链。

这条项链是用环纹货贝制成的

贝壳内侧的珍珠质呈现出金属般的光泽

面具

除了佩戴贝壳首饰，人们还会用贝壳制作面具。这可非常有创意！从石器时代起，人们就开始用贝壳制作面具了，当时人们会在贝壳上钻出孔洞，作为眼睛和嘴巴。更现代的面具则用多种贝壳拼贴而成，令人惊艳。

这件贝壳浮雕雕刻在帝王冠螺（*Cassis madagascariensis*）上

贝壳浮雕

能工巧匠可以在大贝壳的背面雕刻图案，即贝壳浮雕。贝壳浮雕既可作为胸针佩戴，也可将整个贝壳作为艺术品进行展示。图中的贝壳浮雕描绘了一位驾驶战车的女性。

在光线的照射下，珍珠质呈现出彩虹般的光泽

家居装饰

鲍鱼的珍珠质常用于装饰物品甚至家具。它的光泽五彩斑斓，从不同角度观察会有不同的变化。这只来自印度的精美酒壶通体贴满鲍鱼壳薄片。

肋拱的纹路酷似丽扇贝

建筑

就连建筑师也会从贝壳中汲取灵感。有些建筑的整体造型如同螺旋状的腹足纲贝壳。自罗马时代起，丽扇贝状的半圆顶便是常见的建筑元素。

双壳纲贝类

双壳纲贝类是具有两片贝壳的贝类。每片贝壳都称作“壳瓣”。两片壳瓣通过一条韧带相连。通常（但并非所有情况）两片壳瓣是对称的（左右完全相同）。与腹足纲贝类不同，双壳纲贝类没有螺旋状壳体，也没有腹足纲贝类那样的用来爬行的肉质足。多数双壳纲贝类会将自己埋入泥沙中，或永久地固着在岩石上。还有些双壳纲贝类会通过扇动两片贝壳做短距离游泳。本部分将展示一些生活在海洋、淡水湖以及河流中的美丽的双壳纲贝类。

银边鸟蛤

Vepricadium coronatum

鸟蛤通常埋栖于浅海泥沙中，空壳常被冲上海滩。多数鸟蛤都有从壳顶延伸出来的粗大的放射肋。壳顶是贝壳最先形成的部位，最靠近铰合部。

小档案

- 银边鸟蛤的放射肋并不光滑，上面布满细小的棘刺。
- 两片壳瓣的纵肋边缘能完美咬合，使贝壳闭合严密。

栖息地：海洋

蛋糕巴斯帘蛤

Bassina disjecta

在英文中，蛋糕巴斯帘蛤又称“维纳斯帘蛤”（Wedding Cake Venus），其得名于罗马女神维纳斯，因为这种帘蛤的贝壳十分精美。它的肋呈同心圆排列。这种双壳纲贝类生活在澳大利亚南部和塔斯马尼亚附近海域的沙地或泥地中。

小档案

· 长刺帘蛤虽然常见，但完整的标本却很难得。

· 有些腹足纲贝类喜食长刺帘蛤，会在它们的壳上钻孔吸食里面的软体。

长刺帘蛤

Hysteroconcha lupanaria

这种奇特贝类的每片壳瓣上都有两排棘刺，可能用于保护伸出壳体的软体。处理空壳时必须非常小心，因为棘刺极易破损。

美丽紫云蛤

Gari pulcherrima

美丽紫云蛤是一种精致的双壳纲贝类，通常生活在浅海淤泥中。它们具有非常独特的壳饰——壳表上放射肋与斜肋相交。美丽紫云蛤的空壳常被冲上岸，两片壳瓣在岸上依然连在一起。

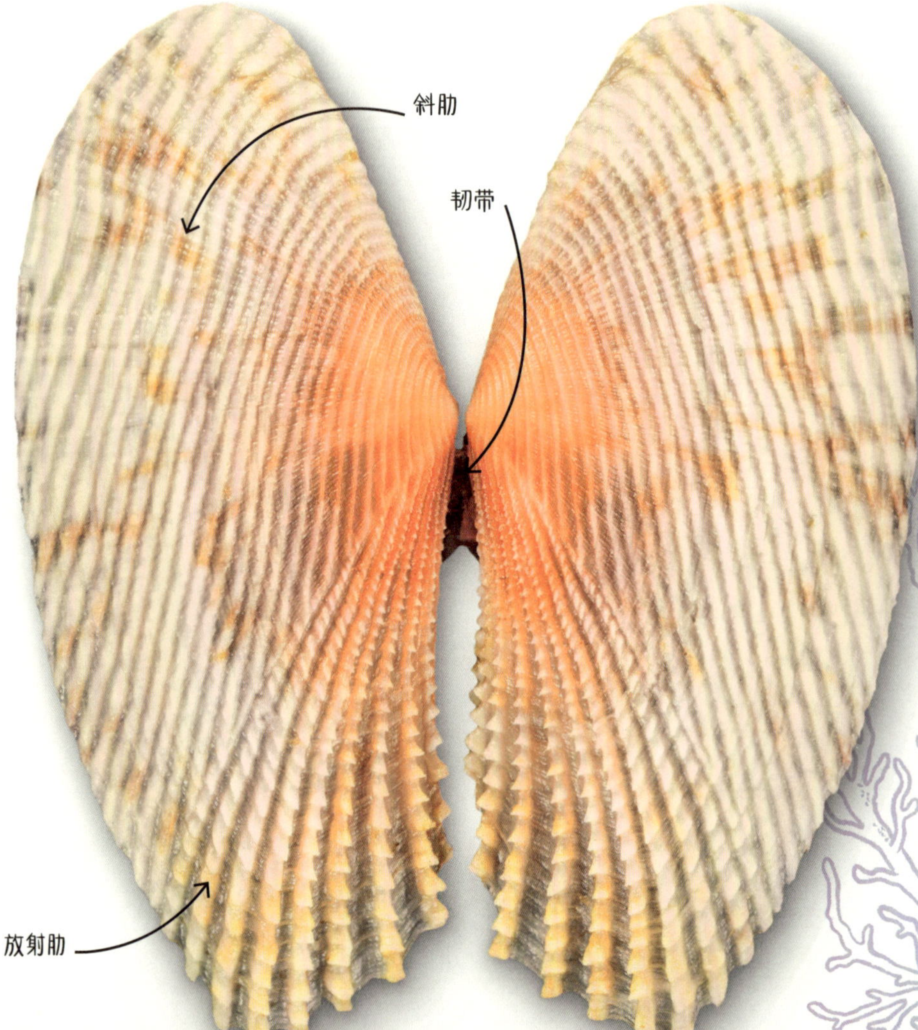

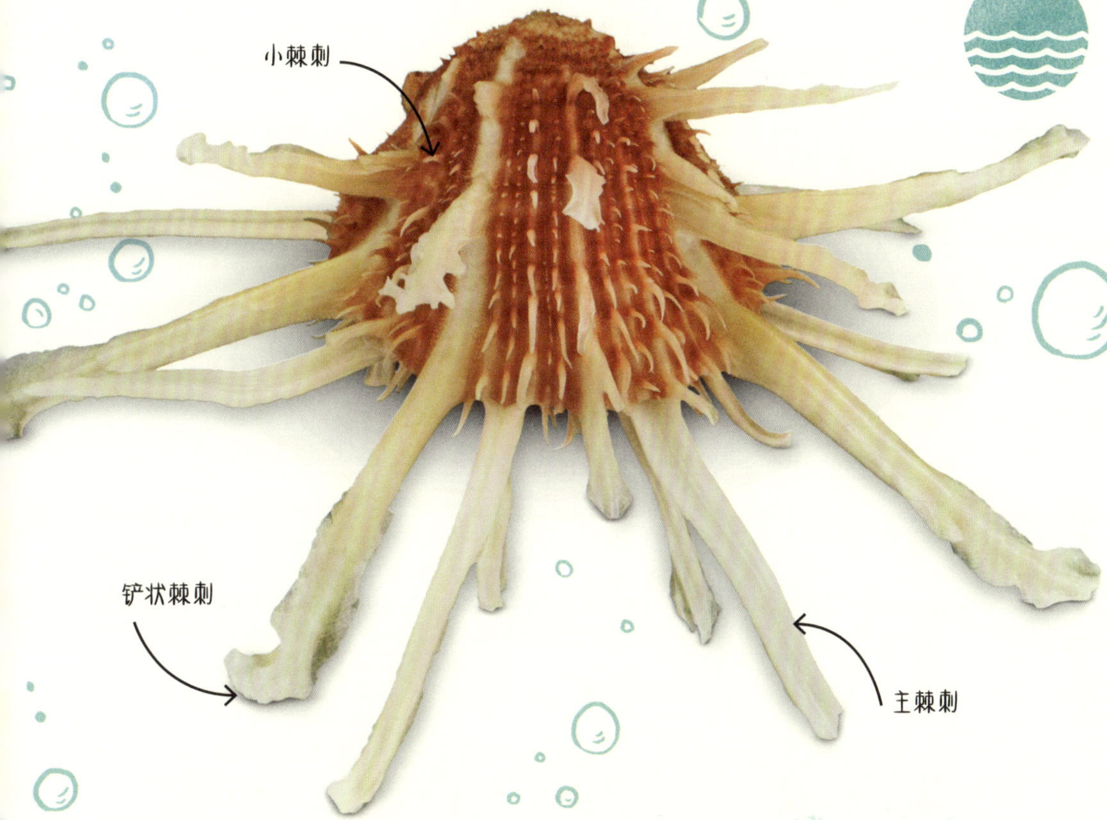

栖息地：海洋

维多利亚海菊蛤

Spondylus victoriae

海菊蛤的壳又大又重，上面长有棘刺。这些棘刺会吸引其他动物附着，因此，当海菊蛤是活体的时候，它的贝壳看起来非常乱！维多利亚海菊蛤的棘刺通常比壳体长。

小档案

- 海菊蛤的英文名是“Thorny Oysters”，即“带刺的牡蛎”，其实它们与扇贝的亲缘关系比牡蛎更近，也许我们该叫它们“带刺的扇贝”。
- 贝壳的内面可能孕育着珍珠。

栖息地：海洋

索马里丽扇贝

Mirapecten cranmerorum

丽扇贝是一大类形如折扇的彩色贝类，生活在世界各地的海洋中，甚至在南极洲周围的冰层下也能找到它们的身影。索马里丽扇贝生活在非洲东海岸的深海中，它有五条宽大的放射肋。

小档案

- 索马里丽扇贝可呈红色或橙色，或这两种颜色的组合色。
- 与大多数双壳纲贝类不同，丽扇贝可以在水中移动，通过快速开合壳瓣喷水制造喷射推进力。

栖息地：海洋

美蓉拟套扇贝

Semipallium dianae

拟套扇贝有多种颜色。美蓉拟套扇贝可呈现紫色、黄色、红色、橙色或这些颜色的任意组合色。不过，它们的壳顶总是橙色的。仔细观察，你可以发现贝壳表面有蜂巢状的精美壳饰。

每只美蓉拟套扇贝约有100只眼睛，能够发现捕食者

橙色壳顶

前后壳耳的大小相差较大

小档案

· 四方海月的壳内面和壳表看起来几乎一模一样。

· 将它们的壳体粘在木框上，就可代替窗玻璃作为窗户。

四方海月

Placuna quadrangula

这些贝壳非常薄，你可以透过多数海月蛤的壳瓣看见它们的身体，因此，它们也被称为“窗贝”。四方海月生活在浅海泥沙中，壳体非常脆弱。方形的壳体在双壳纲贝类中独具一格。

栖息地：海洋

澳洲棒蛎

Brechites australis

澳洲棒蛎看起来一点儿也不像双壳纲贝类！它形如长管，一端开口，另一端深埋在沙子或砾石中。仔细观察管壁，你可以看到有幼贝附着在上面。

椭圆蛎蚌

Etheria elliptica

一些淡水河、湖是双壳纲贝类的理想栖息地。这些适应淡水环境的双壳纲贝类通常被称为“淡水牡蛎”或“淡水贻贝”。椭圆蛎蚌常见于非洲最大的湖泊——维多利亚湖，它们形状各异，看起来非常“不规整”。

疣状三角蚌

Tritogonia verrucosa

大约 300 种淡水贻贝生活在美国东部的河流之中，其中许多贻贝的表面都有不同寻常的壳饰。疣状三角蚌壳体厚重，壳表粗糙，酷似手枪粗糙的手柄。

小档案

- 与许多美洲淡水贻贝一样，疣状三角蚌也因河流污染以及人类对水系的改变（如修建水坝）而濒临灭绝。
- 雌雄疣状三角蚌的形状略有不同，较为容易区分；图中是一只雌性疣状三角蚌。

其他贝类

你见到的大多数贝类都属于腹足纲或双壳纲。但还有一些你可能不太熟悉的其他类群。头足纲包括章鱼、乌贼、鱿鱼和鹦鹉螺等长有腕的动物。石鳖身体扁平，呈椭圆形，身上覆盖着八块坚硬的壳板。细长的角贝则犹如迷你象牙。虽然这些动物看起来截然不同，但它们却拥有相同的内部构造，都属于贝类家族。本部分将带你认识这些分布于全球海域的特殊的贝类的壳体。

栖息地：海洋

船蛸

Argonauta argo

船蛸属于蛸类，是一类软体动物。与鹦鹉螺不同，它实际上并不生活在壳内，因为它没有真正的贝壳。为了储存卵，雌性船蛸会分泌一个薄如纸张的外壳。同时，这个外壳也是帮助它漂浮在海面上的工具。

醒目
鬃毛石鳖

Mopalia spectabilis

醒目鬃毛石鳖的外壳由八块坚硬的壳板纵向排列而成，犹如铠甲。这些壳板周围环绕着一圈柔软的肌肉质环带。石鳖可以牢牢地固着在岩石上，也能通过发达的肉质足移动。

栖息地：海洋

小档案

· 美丽绣花角贝壳表通常具有红色与乳白色相间的环纹。

· 角贝会将身体埋在泥沙之中，稍细的后端朝上。

· 千百年来，人们一直使用角贝制作项链。

美丽绣花角贝

Pictodentalium formosum

角贝是单壳贝类，壳体细长，由一端至另一端逐渐变细。壳体呈弧形，而不是像腹足纲贝类的壳体那样呈螺旋状。后端可能存在缺刻或小管，动物体从壳口端伸出。多数角贝呈白色，但也不乏美丽绣花角贝这样色彩鲜艳的品种。

词语表

贝类 也称“有壳软体动物”。

顶盾 螺轴与内唇上常覆盖有一层光滑的釉质层，有时延伸至体螺层，这种结构即顶盾。

腹面 腹足纲贝类壳体有壳口的一侧。

腹足 腹足类动物的肉质足。

腹足纲 具有肌肉质腹足和单壳的贝类。

蛤 多类双壳纲贝类的统称。

棘刺 壳体表面尖锐或钝的突出物。

角贝 壳体细长，且非呈螺旋结构的贝类。

铰合部 连接双壳纲贝类两片贝壳的结构。

壳瓣 双壳纲贝类的单片贝壳，或石鳖的单块壳板。

壳唇 腹足纲贝类壳口内侧或外侧的边缘部分。

壳唇外翻 腹足纲贝类的壳唇向外翻卷。

壳顶 腹足纲和双壳纲贝类最早形成的部位。

壳耳 某类双壳纲贝类（如扇贝）铰合部的延伸区域。

壳口 腹足纲和掘足纲贝类（如角贝）壳体前端的开口。

壳皮 多类活体贝类壳体外层覆盖的“皮肤”。

肋 贝壳表面的隆起，包括纵肋和螺旋肋等。

棱脊 贝壳表面显著锐利的边缘，也叫“龙骨状突起”。

瘤状突起 大而圆的突出物。

陆生贝类 生活在陆地上而非水中的贝类。

螺层 腹足纲贝类壳体沿螺轴盘绕的一整圈。

螺塔 腹足纲贝类位于体螺层上方的螺旋结构。

螺旋肋 腹足纲贝类壳表隆起的螺旋状肋条。

螺轴 腹足纲贝类壳体中间的“支柱”，从壳口内可以看到。

面盘幼体 某些海生贝类的幼虫。

排泄沟 部分腹足纲贝类壳口上端用于排泄的沟状或管状结构。

栖息地 动物或植物生活的环境类型。

脐孔 某些腹足纲贝类基部的开口。

韧带 连接双壳纲贝类两片贝壳的弹性结构。

肉食性动物 以其他动物为食的动物。

石鳖 背部有八块壳板，周围有肌肉质环带环绕的贝类。

石灰质 构成贝壳的主要化学物质。

双壳纲 具有两片贝壳的贝类。

水管沟 从水生腹足纲贝类壳口延伸出来的供水流进出的沟状或管状结构。

体螺层 腹足纲贝类成体最后形成的螺层。

同心肋 以一个中心点呈环形排列的肋。

头足纲 软体动物的一类，包括鹦鹉螺、鱿鱼、章鱼、乌贼等。

外骨骼 贝类等动物覆盖在身体表面的骨骼。

外套膜 软体动物身上能形成贝壳的构造。

斜肋 贝壳表面的一种斜向的壳饰。

厣 某些腹足纲贝类结构的一部分，用于封闭壳口，保护软体。

右旋 某类腹足纲贝类的螺层向右旋转，壳口位于右侧，即右旋。

珍珠质 位于贝壳表面或内层，具有彩虹光泽。

纵肋 从腹足纲贝类的壳顶向壳底分布的肋。

纵肿肋 腹足纲贝类壳体上增厚的纵肋。

左旋 某类腹足纲贝类的螺层向左旋转，壳口位于左侧，即左旋。

DK | Penguin Random House

图书在版编目（CIP）数据

DK 流光溢彩的贝壳 /（英）西蒙·艾肯著 ；（英）安吉拉·里扎，（英）丹尼尔·朗绘 ；诸葛雯译. -- 北京 ：中信出版社，2025. 8.（2025.9 重印）

ISBN 978-7-5217-7932-5

Ⅰ. Q959.21-49

中国国家版本馆 CIP 数据核字第 2025VE5486 号

Original Title: An Anthology of Shells: A Collection of Fascinating Shells from Around the World

DK 流光溢彩的贝壳

著　　者：[英] 西蒙·艾肯

绘　　者：[英] 安吉拉·里扎　[英] 丹尼尔·朗

译　　者：诸葛雯

出版发行：中信出版集团股份有限公司

（北京市朝阳区东三环北路 27 号嘉铭中心　邮编　100020）

承 印 者：北京顶佳世纪印刷有限公司

开　　本：787mm × 1092mm　1/16　　印　　张：8.5　　字　　数：213 千字

版　　次：2025 年 8 月第 1 版　　印　　次：2025 年 9 月第 2 次印刷

京权图字：01-2025-3152

书　　号：ISBN 978-7-5217-7932-5

定　　价：78.00 元

图书策划：青少科普中心

审校专家：尉鹏　　策划编辑：贾怡飞　高思宇

责任编辑：陈晓丹　　营　　销：青少科普中心营销组

封面设计：谢佳静　　内文排版：谢佳静　李艳芝

服务热线：400-600-8099

投稿邮箱：author@citicpub.com

www.dk.com

混合产品 纸张 | 支持负责任林业 FSC® C018179

西蒙·艾肯博士是著名的贝类作者和研究者，同时也是自然历史摄影师。DK 出版社特别感谢西蒙博士授权我们在此项目中使用他丰富的图片资源。

出版商感谢以下组织与个人允许二次使用他们的照片：（缩写：a- 上方；b- 下方 / 底部；c- 中央；f- 远处；l- 左方；r- 右方；t- 顶部）

2 Alamy Stock Photo: ChasingSunsets / Stockimo (t). **7 naturepl.com:** Alex Mustard (br). **8 Alamy Stock Photo:** Cavan Images (b). **Dreamstime.com:** Vitalii Hryshko (cla). **9 Alamy Stock Photo:** geogphotos (cl). **Ocean Exploration Trust:** Ocean Exploration Trust / NOAA (tr). **38 Alamy Stock Photo:** imageBROKER.com GmbH & Co. KG n / Norbert Probst (cl); Carlos Mora (crb). **39 Alamy Stock Photo:** MAXPPP / Frederic Charmeux (tr). **Dreamstime.com:** Mohamed Abdelrazek (br). **The Metropolitan Museum of Art:** Purchase, The Barrington Foundation Inc. Gift, 1986 (cl). **57 naturepl.com:** Bruno D'Amicis (tr). **92 Getty Images:** 500px / Jean Philippe Barbe (bl). **106 Creation of Caroline Perrin:** (clb). **Shutterstock.com:** Gaia Conventi (cr). **107 Alamy Stock Photo:** Ivan Vdovin. © **The Trustees of the British Museum. All rights reserved:** (cr). **Chez Pluie Provence:** Chez Pluie Provence (tl)

All other images by Dr Simon P. Aiken